# 昆虫学者の目のツケドコロ

井手竜也

Tatsuya Ide

身近な虫を深く楽しむ

# はじめに

「昆虫」と聞くと、目を輝かせる人たちがいる。昆虫学者だ。ここでいう昆虫学者とはなにも、仕事として昆虫を研究している人たちだけではない。毎日の暮らしのなかで、昆虫との一期一会の出会いを大切にしている人たちは、おおむねみんな昆虫学者だ。

一期一会といっても、虫なんて、いつでもどこでも、いくらでもいる。でもじつは、昆虫には想像を超えるほどいろいろな種類がいて、その多くは、短い期間しか姿を現さないし、決まった場所だけをすみかにしている。絶滅が心配されているような種類だっている。だから、こちらから探さない限り、ほとんどの昆虫には一生出会うことはないし、出会った昆虫にまた出会えるとは限らない。

虫嫌いな人や、好きでも嫌いでもない人にしてみれば、そんなのどうでもいいことだろうし、なんなら出会わないほうがいいに違いない。でも、昆虫たちは、人の身近にもたくさんの種類が生息しているので、その存在に気づいていなくても、人はいつもどこかで昆虫に出会っている。だから、幸か不幸かその存在に偶然気づくことがある。

そんなとき、すぐに払いのけてしまうのは、もったいないことかもしれない。偶然のその出会いは、何かを学ぶきっかけにだってなる。体は小さくても、昆虫は立派な野生動物で、アフリカの草原で暮らすゾウやライオン、大海原で暮らすクジラやイルカにも負けない、ダイナミックな自然の営みを繰り広げている。自然の厳しさや雄大さ、そしておもしろさを、足元に広がっている昆虫たちの世界も同じように教えてくれるのだ。

昆虫との出会いを大切にしている昆虫学者たちは、そんな足元に広がる小さな昆虫たちの大自然から、たくさんのことを学んでいるようだ。いったいその目には、どんなふうに世界が見えているのだろう。少しおじゃまして、昆虫学者たちが見ている世界を一緒にのぞいてみよう。

# 昆虫学者の目のツケドコロ　もくじ

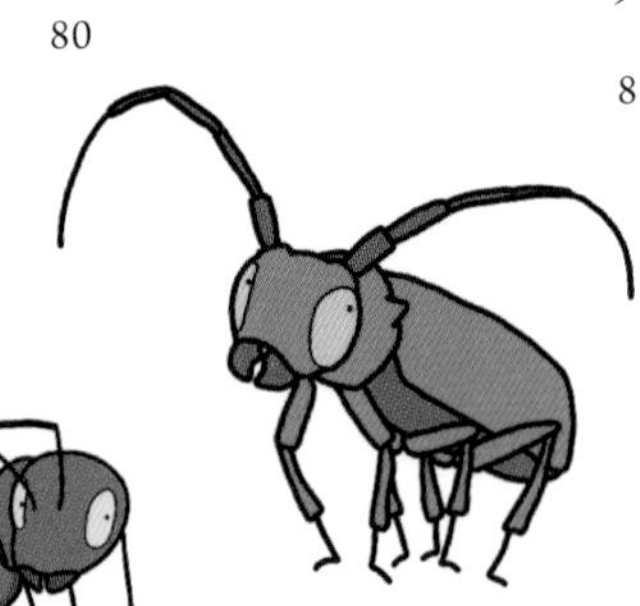

## 第3章 昆虫学者、ミクロの目で見る

## 第4章 昆虫学者、人を見て虫を見る



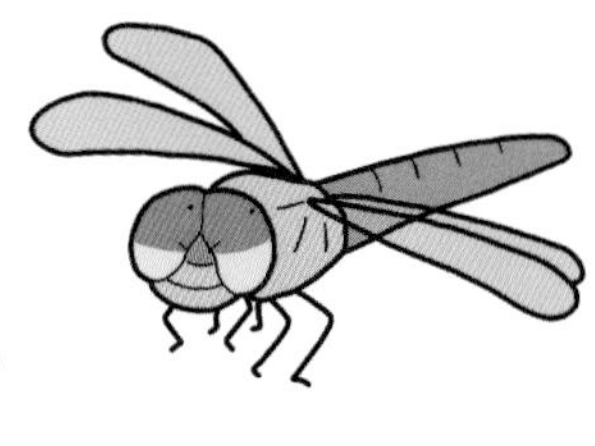

# 第1章● 昆虫学者、植物を見る

植物の前に突っ立っている人がいたら、
その人はもしかすると昆虫学者かもしれない。

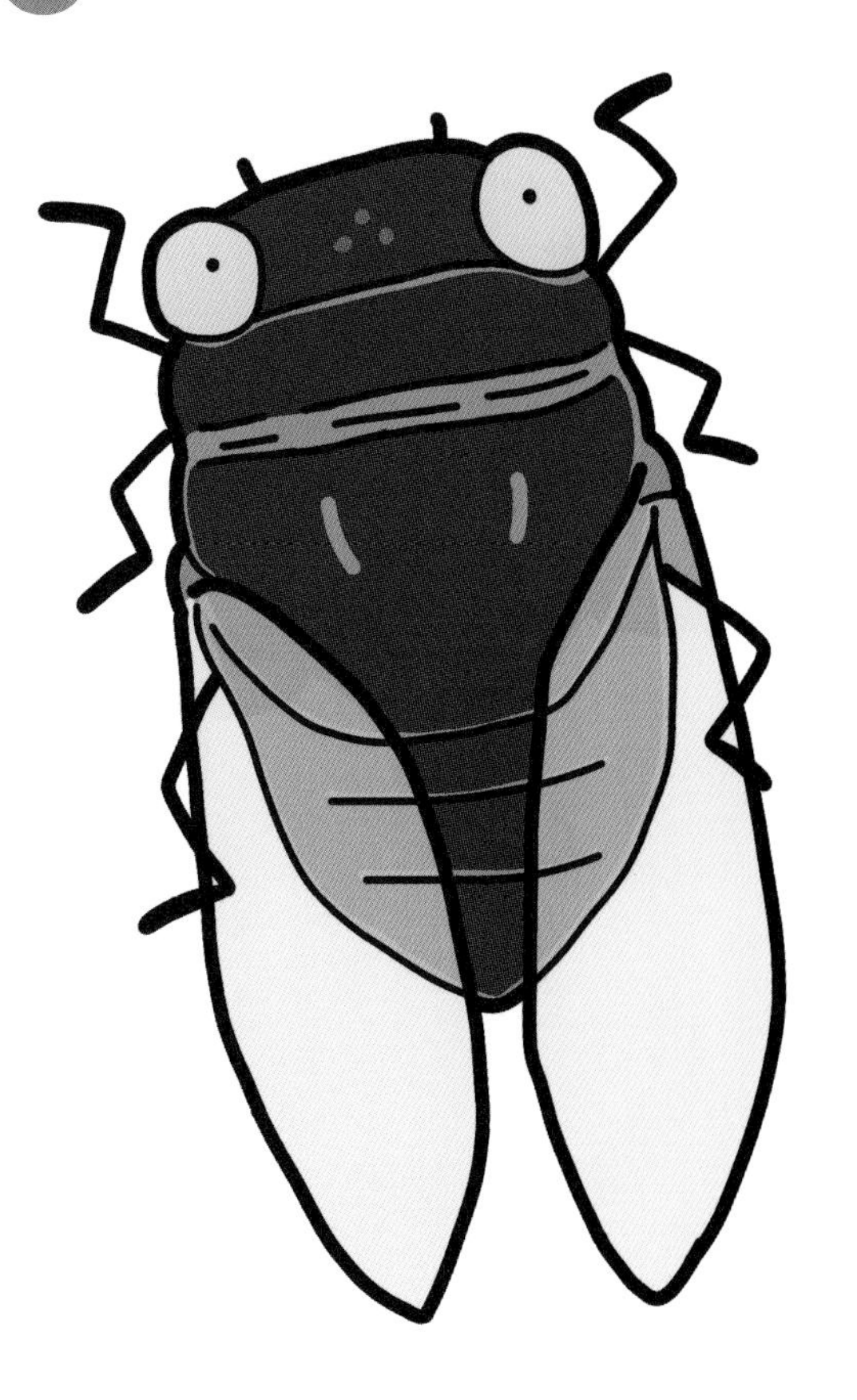

# 植物のソムリエ
# アゲハチョウ

ナミアゲハ（チョウ目：アゲハチョウ科）



大きな羽で優雅に空を舞う、アゲハチョウ。美しいその姿とは裏腹に、その子ども時代である幼虫は、イモムシとよばれ、ずんぐりむっくりで、ちょっととぼけた姿をしている。アゲハチョウはすまし顔で花の蜜を吸うが、イモムシは植物の葉をもりもりと食べる。イモムシが食べるのはミカンの仲間の木の葉だけだ。食わず嫌いな子どものために、アゲハチョウは慎重に植物の種類をたしかめて卵を産みつけているらしい。どうやらイモムシでなくとも、植物を食べる昆虫には食わず嫌いが多そうだ。

**カラスザンショウの葉の上にいるのは？**



## 昆虫学者に聞いてみた

「この木、なんて木だったっけ?」。ある晴れた日の野外観察会。とある学生が答えを求めるわけでもなく、独り言のようにつぶやいた。となりにいた昆虫学者が答える。「ああ、これカラスザンショウじゃない? ミカンの仲間で、こんな感じの河原とか伐採地によく生えてるよね。ここらへんだと花が咲くのは7月かな」。となりの学者は植物学者だっただろうか。「植物にも詳しいんですね。好きなんですか?」「いや、別に。あ、ほらいた。アゲハ」。そういって指差した先では、一匹のイモムシがおいしそうに葉をかじっていた。

## 似てない親子

春。植え込みに咲いたツツジの花には、淡い黄色に黒のストライプが目を引く、アゲハチョウがやってくる。羽を揚げてふるわせながら、花の蜜を吸う姿がアゲハ（揚羽）の名前の由来といわれている。

　アゲハチョウの仲間にはたくさんの種類がいるが、いわゆるアゲハチョウは、単にアゲハとか、ナミアゲハとよばれる。ナミアゲハの「ナミ」は「ふつうの」という意味だ。ふつうとはいうが、洗練された上品な模様の羽をもった、唯一無二のきれいなチョウだ。

　もちろん、他のアゲハチョウだって負けてはいない。鮮やかな黄色が青空に映えるキアゲハ、黒一色でシックにきめたクロアゲハ、黒地に大きな白いワンポイントをとりいれたモンキアゲハ、青緑色に妖（あや）しく輝くカラスアゲハなど、どのアゲハチョウも美しい羽が印象的だ。

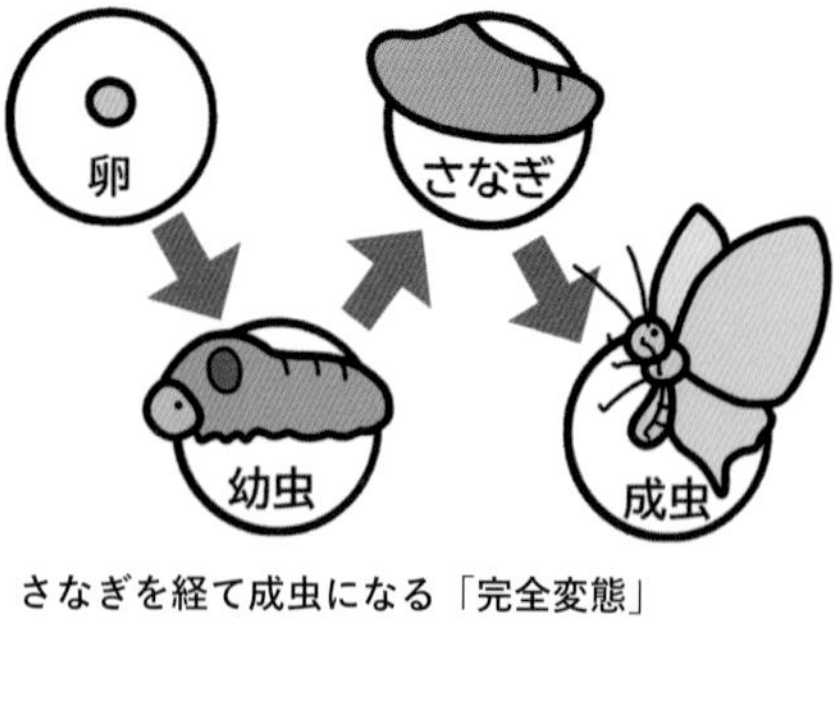

　だが、そんなきれいな羽はおとなである成虫だけが身に着けることができる代物で、

卵
さなぎ
幼虫
成虫

さなぎを経て成虫になる「完全変態」

子どもである幼虫には縁がないものだ。チョウの幼虫はいわゆるイモムシで、優雅に空を舞うこともない。そんなイモムシがアゲハチョウとなるまでには、5回もの脱皮、そしてさなぎとよばれる特別な段階を過ごす必要がある。さなぎの期間を経て成虫になることを「完全変態」といい、これをおこなう昆虫は、幼虫から成虫になるとき、その姿がまるっきり変わってしまう。しかも変わるのは見た目だけではない。植物の上を這うことしかできず、林の片隅の小さな世界で暮らしてきたイモムシが、チョウとなり、空を舞うことで、広大な世界へと飛び出すように、生活スタイルまでもが一変してしまうのだ。

完全変態による生活スタイルの変化で、いちばん大きなものは食事の変化だろう。完全変態をおこなうと体の形のみならず、口の形まで変化する。アゲハチョウの口はストロー状になっていて、花の蜜を吸い上げて食べることができる。一方、その幼虫であるイモムシの口には、鋭い歯のある一対のあごがついていて、葉っぱを上手にかじり取って食べることができる。

もし幼虫から成虫になるときに口の形が変わらなかったら、せっかく羽をもっていても、幼虫のときと同じものしか食べられず、幼虫のときに過ごした小さな世界でし

ストローのような口で花の蜜を吸うキアゲハの成虫

大あごのついた口で葉をかじるキアゲハの幼虫

か暮らすことができないかもしれない。

## なんでも食べないイモムシの食事

むしゃむしゃと食欲旺盛に葉をかじるイモムシを見ていると、そこら中の植物を食べ尽くしてしまいそうに思えるが、どんな植物でも食べるわけではないらしい。ナミアゲハの幼虫が食べている葉は決まってミカン科のものだ。好き嫌いが激しいと言ってしまえばそれまでだが、実際にはこれはイモムシの好みだけの問題ではないようだ。

多くの植物は、昆虫に食べられないように、苦みや毒となる成分を内部に蓄えたり、葉を硬くしたり、細かいトゲや毛で覆って食べにくくしたりすることで、昆虫などから身を守っている。なので、昆虫が植物を食べて元気に育つには、そういった植物の堅い守りを、なんとしても乗り越えなくてはならない。とはいえ、植物ごとにその守りの性質は異なるので、すべての植物を食べられるようになるのは、昆虫にとってもなかなか難しいようだ。そのためか、植物を食べる昆虫には、限られた植物しか食べないものが多い。なかには、たった一種の植物しか食べないようなものもいたりするほどだ。

植物をエサとする昆虫のなかには、好みの幅が狭いものから広いものまでいて、一種のみをエサとするものを単食性、一種ではなくとも限られた種類しか食べないものを狭食性、比較的さまざまなグループの植物を食べるものを広食性の昆虫とよんでいる。ミカン科の仲間を食べるナミアゲハの幼虫は、この分け方では狭食性に当てはまる。

狭食性や単食性の場合、本来のエサでない植物ではふつう、うまく成長できずに死んでしまう。エサがなければ移動すればいいが、生まれてすぐの小さなイモムシには羽がない。食べ物は歩いて探さなければならないが、イモムシが動き回れる範囲には限りがある。生まれた場所のすぐ近くに食べ物がなければ万事休すだ。

## 探せ！　ミカンの木

そういうわけで、ナミアゲハのメスは、子どもが困らないように、卵を産むためのミカンの木を探し出す必要が出てくるわけだ。では、どうやってミカンの木を探すのだろう。何かを探すといえば、やはり「眼」で見て探すことが真っ先に思い浮かぶ。ナミアゲハの丸くてパッチリとした大きな眼は、いかにも物を探すのに役立ちそうだ。だが、本当にその眼で色や形を見分けて、ミカンの木を探し出せるのかは、実験してみないことにはわからない。

ナミアゲハがちゃんと色を見分けられているのかについて、こんな実験が知られている。まず、ナミアゲハの成虫に青色の紙の上で砂糖水のエサを与える。次に、赤、青、黄、緑の色紙を与えて、再び、青色の紙の上で砂糖水を与える。これを繰り返し

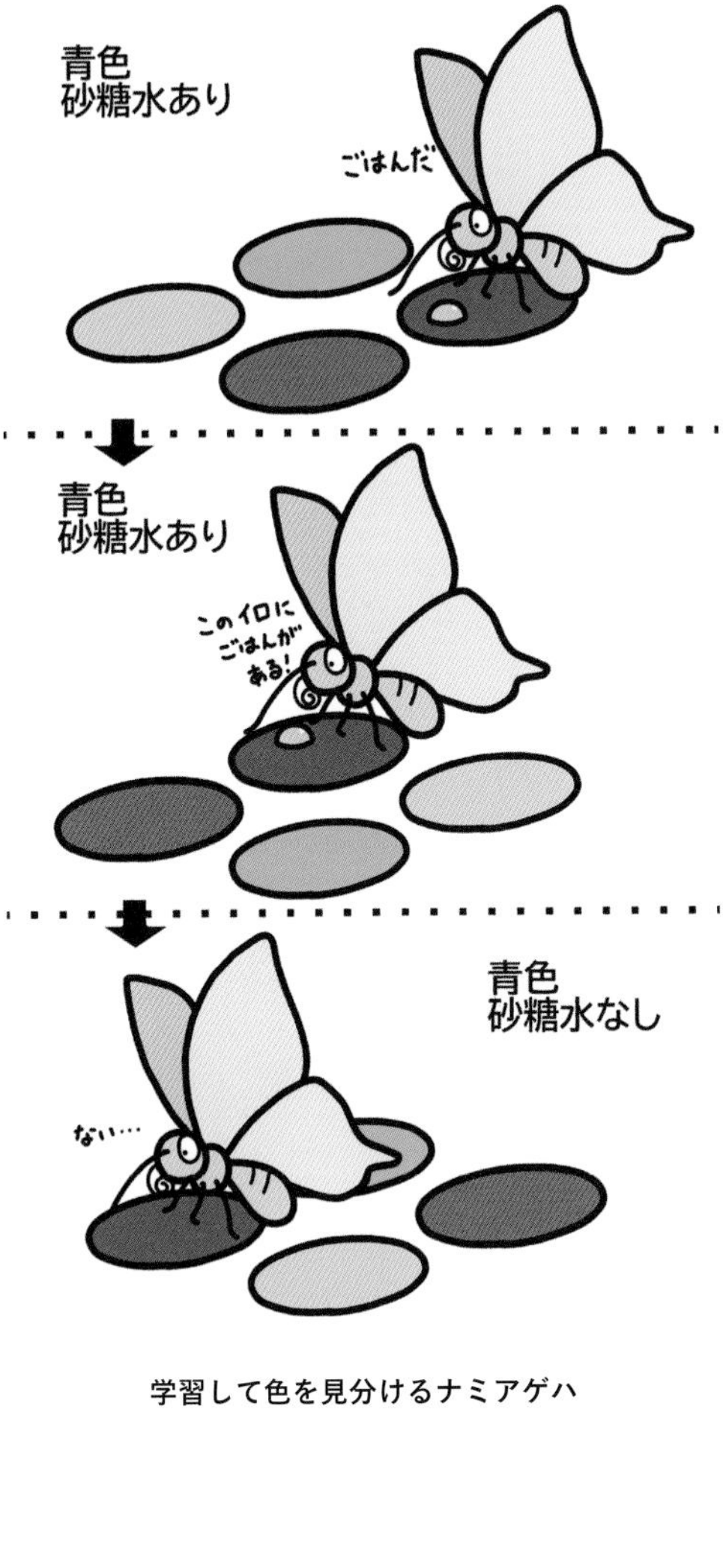

学習して色を見分けるナミアゲハ

て、青色でエサが得られることを学習させると、エサのない状態で4色の色紙を見せたとき、ナミアゲハが青色の色紙に引き寄せられるようになるというのだ。赤、黄、緑で同じように学習させた場合も、それぞれの色を選ぶようになるという。しかも、一度青でエサが得られると学習したナミアゲハでも、赤で繰り返し砂糖水を与えると赤を選ぶようになるなど、順応性も高いそうだ。

ただ、この実験だけでは、ナミアゲハが色を見分けているとは言い切れない。もしかすると、色を見分けているのではなく、明るさだけを感じている可能性があるからだ。白黒写真をイメージすればわかると思うが、黄色は白っぽく見えるし、赤は黒っぽく見える。そこで次の実験では、青色にエサがあることを学習したナミアゲハに、青の色紙のほか、青と同じ明るさをもった灰色の色紙など、さまざまな濃さの白黒の色紙を与えた。すると、それでもナミアゲハは青と同じ明るさの灰色を選ぶことなく、青をちゃんと選ぶことができたという。赤、黄、緑で学習させたナミアゲハでも結果は同じだったそうだ。どうやらナミアゲハが色を見分けられるのは間違いないらしい。

だが、青や赤といった色を見分ける能力がミカンの木を探すのに役立つだろうか。自分のエサである色鮮やかな花を探すためならまだしも、ミカンの木だろうがほかの木だろうが、葉っぱは似たような緑色ではないか。

別の実験では、ミカンの木を配置した室内で、色の学習をさせていないナミアゲハに、赤、青、黄、緑の色紙を並べて見せておくと、ナミアゲハのメスは赤か黄色を最初に選んで訪れるという。ところが、ミカンの木を置かずに実験すると、ナミアゲハは青を最初に訪れるという。つまりミカンの木から出る匂いがメスの色の好みに影響を与え、ミカンの木を探し出すのにつながっている可能性があるわけだ。

## 味が決め手

アゲハチョウのメスが、幼虫のエサとしてふさわしい植物かどうかを最終的に判断する決め手は「味」だ。ミカンの木に飛んできたアゲハチョウを観察すると、前足をバタバタとせわしなく動かしているように見える。

太鼓をたたくようなこのしぐさは、ドラミングとよばれるもので、メスはこうやってミカンの味、つまり植物に含まれる化学的な成分を確かめているのだという。じつはアゲハチョウの前足の先には、そういった成分を感じ取ることができる毛が生えているのだ。

クスノキなどに産卵するアオスジアゲハ



この特殊な毛は、産卵をする必要のないオスの足にはあまり生えていないのだが、メスの足には数十本も生えている。アゲハチョウのメスが産卵するかどうかを判断するための成分は10種類ほど知られており、アゲハチョウのメスはその繊細な違いを足先で植物から感じ取り、幼虫のエサとして適していることを確認しているのだ。

アゲハチョウの仲間には、ミカンの木以外に卵を産むものたちもいる。ナミアゲハによく似たキアゲハはセリ科の植物などに卵を産むし、青緑色のグラデーションの帯がきれいなアオスジアゲハは、クスノキやタブノキ、ヤブニッケイなどの木に卵を産む。明るい褐色の羽がきれいなジャコウアゲハは、人にとっては毒となる成分を含むウマノスズクサ科の植物に卵を産む。植物から感じ取れる味を決め手に、それぞれがそれぞれで、自分の子どもが食べることができる植物を探し当てているのだ。

## 好き嫌いも大事

アゲハチョウの仲間に限らず、植物を食べる昆虫の多くは、単食性や狭食性で、自分の好みにあった植物を決まって選んでいるようだ。それを表すかのように、植物を食べる昆虫の名前には、エサとしている植物の名前が入っているものが数多く見られる。菜の花を食べるナガメ、クワの木を食べるクワカミキリ、イタドリの葉を食べるイタドリハムシ、セイタカアワダチソウを食べるセイタカアワダチソウヒゲナガアブラムシといった具合だ。

食べる植物の種類だけではなく、食べる部位も決まっていることが多い。たとえば、同じケヤキの木を食べる昆虫であっても、タマムシの幼虫は木の内側に潜って食べ、ニレハムシはその葉っぱをかじり、アブラゼミはその木の汁を吸う。同じコナラの木

イタドリハムシはイタドリを食べる

マメコガネはいろいろ食べる

を食べる昆虫であっても、コナラシギゾウムシの幼虫はそのドングリの内側を食べ、ヤママユの幼虫はその葉を食べる。

もちろん植物を食べる昆虫のなかには、比較的さまざまな植物を食べる広食性のものもいて、なかには好き嫌いをまったく感じさせないようなものものまでいる。たとえば、ハスモンヨトウというガの幼虫は、キャベツやハクサイなどのアブラナ科植物のほか、マメ科のダイズやバラ科のイチゴ、セリ科のニンジンといった、さまざまな植物を食べる。また、マメコガネというコガネムシは、名前の通りマメ科の植物の葉を食べるほか、ナス科やバラ科なども食べる。植物だけではなく、動物性のものも含めて食べる雑食性のものもいる。たとえば、コオロギの仲間は植物も食べるが、主に雑食性のものが多く、植物のほか、小さな昆虫を捕まえて食べたりもする。

好き嫌いせず、いろんなものを食べることができれば食べ物に困ることも少ないわけだが、どうしてわざわざ植物を食べる昆虫の多くは好き嫌いをするのだろう。なんでも食べると、その分、ほかの昆虫と食べ物の取り合いが起こりやすくなる。一方、苦かったり、毒があったり、硬かったり、トゲがあったりするために、ほかの昆虫が食べにくい植物を食べられれば、そういった取り合いも起こりにくくなりそうだ。たとえば、食卓の大皿に盛られたから揚げを食べようとすれば取り合いになり、下手をすると食べ物にありつけないかもしれないが、から揚げをあきらめ、横に添えられた千切りキャベツを食べておけば、平和にごはんにありつける。だから植物を食べる昆虫のなかには、いろいろな植物を食べるより、あえて食べにくい植物を食べるものたちがいるのかもしれない。

変なたとえを続けよう。から揚げがなくなると、千切りキャベツを食べる人が増えてくるように、いずれは食べられにくい植物を食べる昆虫も増えてくる。昆虫に食べられることで、食べられにくい植物から、食べられにくさをパワーアップさせた子孫が生き残り、増えてくる。すると、千切りキャベツの争奪戦から逃れ、パセリやレモンに手を出す人がいるように（?）、なんとかして、そんなパワーアップした植物を食べる昆虫が現れる。ただし、強大な守りの力をつけた植物を食べることができるのは、ほんの一握りの昆虫だけだろう。植物と追いつき追い越されの競争を繰り返すうちに、植物を食べる昆虫たちの多くは特定の植物を食べるようになっていくというわけだ。それぞれの昆虫が好き嫌いをつくることで、植物は食べられにくいように種類を増やし、昆虫はそんな植物を食べられるように種類が分かれていき、昆虫と植物は深く関わり合いながら、ともに地球上で大繁栄した。そのためか、名前がついているものだけで約１００万種ともいわれる昆虫の半数以上は、植物を食べる昆虫といわれているのだ。

## 虫探しの近道

昆虫の大半は植物を食べるので植物に集まる。肉食の昆虫も植物を食べる昆虫を獲物とするため、植物に集まる。だから、昆虫を探すには、まず植物を探すほうが効率がいい。植物を食べる昆虫の多くは特定の植物を食べるので、特定の昆虫を探したいなら、そのエサである特定の植物を探すのがいちばんだ。つまり、昆虫を知るには、植物をまず知ることが必要となってくるのだ。そうなると当然、昆虫学者は、自分が研究する昆虫がエサとする植物についての知識を深めていく。こうして、やたらと植物に詳しい昆虫学者が誕生するのだ。

「こっちの木は何ですかね？」。カラスザンショウを教えてもらった学生が、横の木を指差して尋ねてみる。「知らん。ミカン科ではないのは間違いない」。特定の昆虫だけを研究する昆虫学者は、特定の植物にだけやたらと詳しいようだ。

# 宴のあと　テントウムシ

**ナナホシテントウ**
**（コウチュウ目：テントウムシ科）**

丸い体に水玉模様のテントウムシ。野原でよく見かけるテントウムシの多くは、そのかわいらしい姿とは裏腹に、次から次へとアブラムシを襲って食べる、肉食の昆虫だ。だまされたような気分になるが、イメージ通り（?）、植物を食べるものもいるようだ。食事のあとには、葉の表面だけをはぎ取ったような模様が残るので、テントウムシがどこかに行ってしまっても、そこにテントウムシがいたことがわかる。植物を見ると、テントウムシに限らず、いろいろな食べあとが見つかることがある。植物に残された食べあとから、どれくらい昆虫のことがわかるのだろう。

水玉模様がたくさんのテントウムシはわるい虫？



## いい虫わるい虫

家庭菜園のナス畑に目をやると、赤くて丸い体に7つの水玉模様をもったテントウムシ、ナナホシテントウが忙しそうに歩き回っていた。葉先にたどり着いたかと思うと、羽を広げて飛び上がり、降り立ったところでまたせっせと歩き出す。畑の野菜につきまとっているものの、農作業中のおじいさんは決して嫌な顔をしない。「虫ついてますよ」「いいんだ、いいんだ。この虫はいいやつだからな」。なるほど。テントウムシはいいやつらしい。

しばらく見ていると、となりのナスの葉にキャタピラが走ったような変な模様がついているのが目に入った。「こっちの葉、変な模様が入ってるんですね」。その葉を見るや、「……こりゃいかんわ！」と言って、葉の近くを調べ始めるおじいさん。「やはりいたか」。そう言ってつまみ上げたのはやはりテントウムシだ。先ほどのテントウムシよりも水玉模様の数が多くて、なんだかありがたい気分になるが、おじいさんの顔は険しかった。「こいつのしわざだ。わるい虫だ」。そう断言する。食べていたところを見たわけではないのに、そんなことがわかるのだろうか。いいテントウムシかもしれないではないか。濡れ衣だとしたら、あんまりだ。

## 畑づくりの頼れる味方

テントウムシは、英語ではレディバードやレディバグ、レディビートルなどとよばれる。ここでいうレディとは、キリスト教の聖母マリアのことだ。中世ヨーロッパの時代、畑に大発生したアブラムシに苦しんだ農民が、聖母マリアに祈ったところ、テントウムシがやってきて、アブラムシを退治してくれたことから、聖母マリアの鳥、聖母マリアの虫という意味で、こうよばれるようになったという逸話がある。

テントウムシは、漢字では「天道虫」と書く。テントウムシを植物の枝などに乗せ

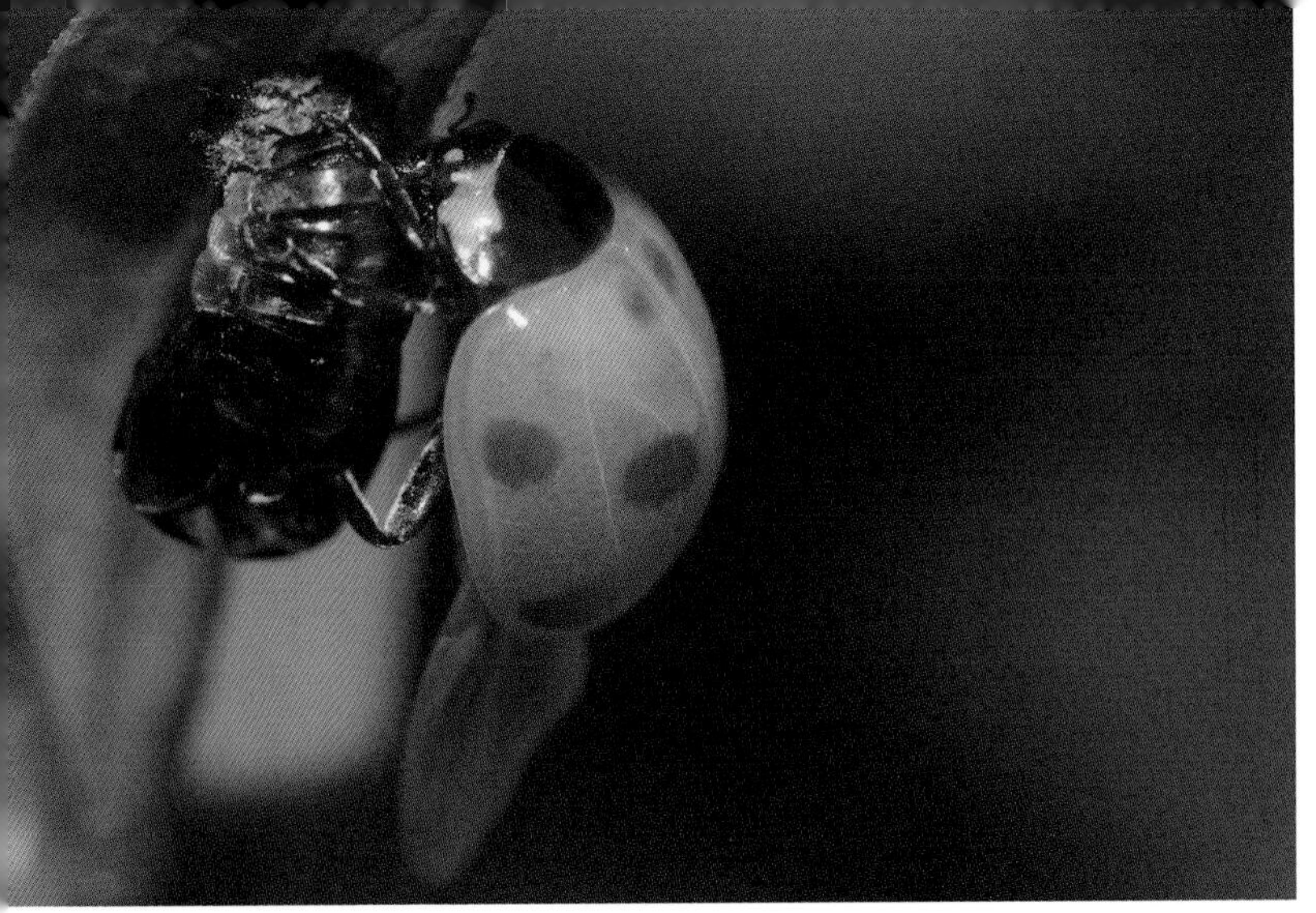
畑を守るナナホシテントウの羽化

ると、上へ上へと歩いていき、先がなくなったところで空に向かって飛び立つ。その様子がお天道様（太陽）に向かって飛ぶように見えることから、こうよばれるようになったといわれている。太陽を名に負うとは、なんともありがたい感じがする。

ナナホシテントウやナミテントウといった身近なテントウムシは肉食性で、幼虫も成虫も、アブラムシやカイガラムシなどの昆虫をエサとしている。アブラムシやカイガラムシは、野菜や果物の害虫とされている昆虫で、農作物の汁を吸って弱らせるほか、病気を引き起こすことがある。これを食べてくれるテントウムシは畑づくりの頼れる味方だ。

ただ、これらのテントウムシは、決して畑づくりを手伝おうとしてやってくるわけではない。畑はあくまで、数ある食事の場所のひとつだ。畑を守ってもらおうと、テントウムシをたくさん捕まえてきて畑に放しても、すぐにどこかへ飛んでいってしまう。

どうしてもテントウムシを味方に引き込みたい人は、畑の周りに別の植物を植えることで、テントウムシが畑の周りに長くとどまるように仕向けたり、遺伝的に飛ばないテントウムシをつくり出したり、テントウムシの羽を樹脂で固めて飛べなくしたりと、あの手この手でテントウムシを畑に引き込もうとしているそうだ。

とにかくテントウムシは人間に頼られているようで、海外からやってきた害虫を退治するために、同じく海外から連れてこられたようなテントウムシまで知られている。ミカンの木の害虫「イセリアカイガラムシ」がオーストラリアから侵入した際に連れてこられたのが、「ベダリアテントウ」というテントウムシだ。イセリアカイガラムシと同じく、オーストラリアに生息しており、このカイガラムシを獲物としている。このテントウムシを放したところ、イセリアカイガラムシによる被害が激減したそうだ。

テントウムシが味方となってくれるのは、アブラムシやカイガラムシに畑が襲われたときだけではない。なんと、植物に寄生するカビを食べてくれるテントウムシもい

**キイロテントウはカビを食べる味方**



るのだ。キイロテントウやシラホシテントウがその代表で、名前の通り、黄色い体をしたテントウムシと、くすんだ赤色に白い丸模様を背負ったテントウムシだ。これらのテントウムシは、葉が部分的に白くかびたようになる「うどん粉病」という病気を引き起こすカビなどをエサとしており、アブラムシを食べてくれるテントウムシ同様、畑づくりの頼もしい味方となる。

## 一転して嫌われもの

畑づくりの味方として頼られっぱなしのテントウムシだが、じつはテントウムシのなかには、植物をエサとするベジタリアンも少なからず存在する。テントウムシの仲間は世界で6000種以上が知られているが、そのうちの約20%は植物を食べるテントウムシだといわれている。日本にも生息するニジュウヤホシテントウもそのひとつだ。ナナホシテントウが7つの星なら、ニジュウヤホシテントウはその名の通り、28個の星を背中につけている。羽の赤色はナナホシテントウよりくすんでいて、表面は短い毛で覆われ、つやがない。植物のなかでもナス科の葉を好んで食べ、ナスやジャガイモといった野菜畑は、ニジュウヤホシテントウにとってはごちそうだらけの宴会場となる。こうなると、畑づくりの味方といわれるテントウムシといえども、嫌われものに早変わりだ。

ナナホシテントウより3つほど星の数が多い、トホシテントウというテントウムシもいる。このテントウムシも植物をエサとしていて、カラスウリというつる性の植物の葉が好物だ。トホシテントウより、さらに3つほど星の数が多い、ジュウサンホシテントウというテントウムシもいるが、こちらはアブラムシを食べる肉食だ。また、同じく肉食で、ナナホシテントウと並んでよく見られるナミテントウの場合、星の数は決まっておらず、星がないものから十数個にも及ぶものまで見つかっている。どうやら、星が多ければ植物を食べる嫌われもの、とはいかないらしい。

葉っぱをかじるトホシテントウ

星をたくさん背負ったナミテントウ

これらのテントウムシの祖先はもともと肉食であったと考えられている。ニジュウヤホシテントウやトホシテントウがどうして植物を食べるようになったのかは定かではないが、ちょっとベジタリアンになっただけで、悪者扱いされるというのは、テントウムシからしたら納得がいかない話かもしれない。腹いせにナス畑で宴会だってしたくなるものだ。

## テントウムシの口

ニジュウヤホシテントウがナス畑で宴を開いたあと、ナスの葉に残されるのは、薄く透けた帯にハシゴがかかっているような、もしくはキャタピラが走ったあとのような、不思議な模様だ。どうやらこれは、ニジュウヤホシテントウムシが葉を食べたときにできる食べあとらしい。

この不思議な模様には、ニジュウヤホシテントウがエサを食べるときの作法が関係している。食事中のニジュウヤホシテントウを観察してみると、葉の裏側のやわらかい部分を一対のあごでかじっている。口の形を詳しく調べると、先端には数本の細かな歯がついており、根元のほうには太くてしっかりした毛のようなものがぎっしりと

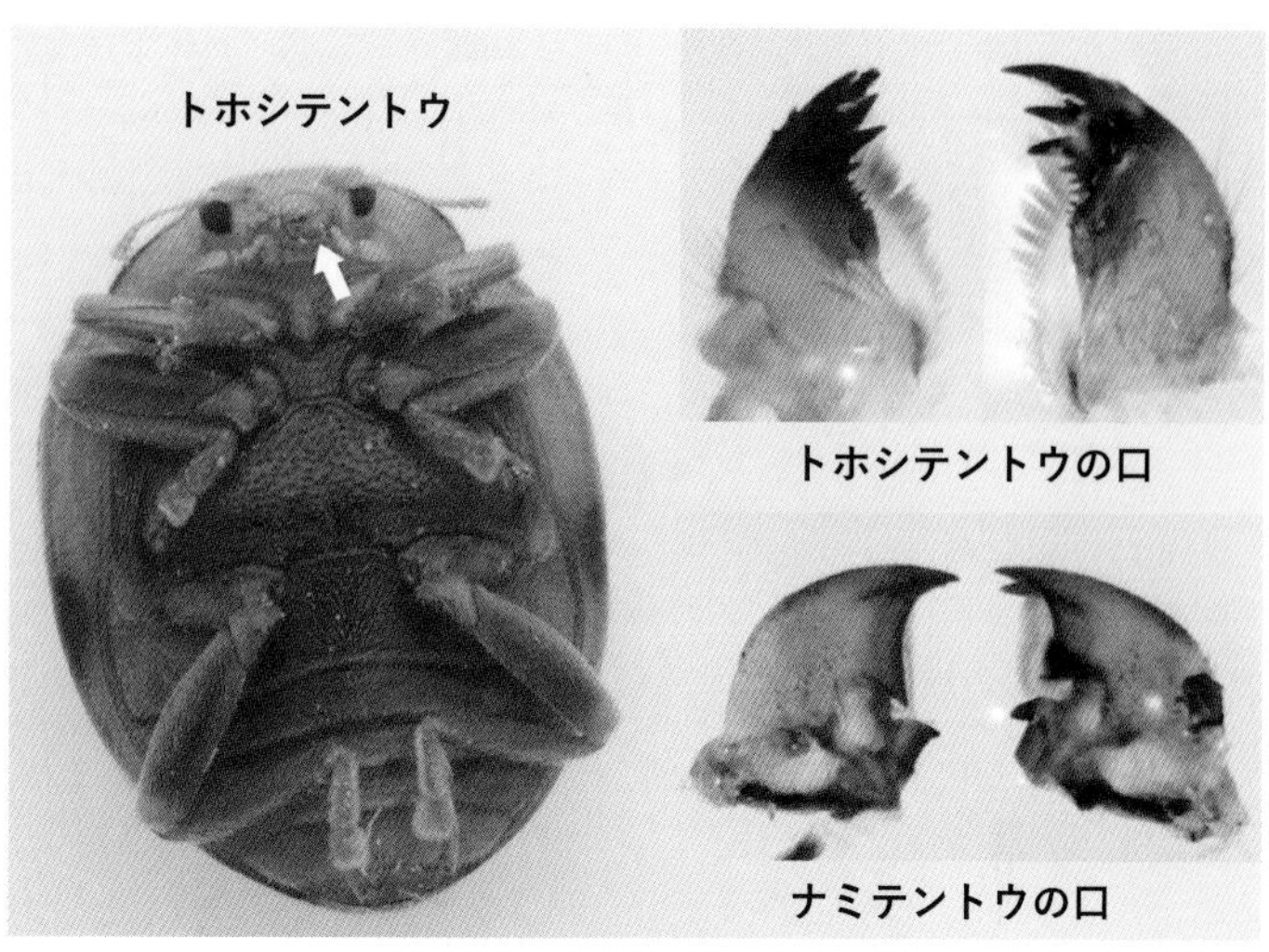


草食のトホシテントウと肉食のナミテントウの口の形の違い



ついている。この細かな歯で、葉の表面の皮を残しながら、柔らかい部分を削り取って丁寧にかみつぶし、奥の毛でこすようにして植物の汁を吸っているのだ。首の動く範囲を食べ終えたら、少し体の向きを変え、すぐ横をかじる。このとき最初にかじったところと、次にかじったところの間に少しだけ食べ残された部分が生じる。これを繰り返していくと、帯にハシゴがかかったような例の不思議な模様ができあがるのだ。トホシテントウも同じような口の形をしている。

一方、アブラムシを食べるナナホシテントウの口を詳細に見てみると、先端はとがっていて、細かい歯はついていない。

鋭い先端を突き刺すことで、獲物のアブラムシを捕らえることができるようだ。さらに、カビを食べるテントウムシでは、細かい歯はついていないものの、くし状の毛が生えていて、植物の表面に生えているカビをかき集めるのに役立っているように見える。同じテントウムシといっても、食べ物が違えば、口の形も違ってくるらしい。もともと肉食であったテントウムシがベジタリアンとして口の形を発達させ、独特の食事作法を会得したことで、表面だけを削るような特徴的な食べあとを残すようになったといえそうだ。

## 食べあとからの名推理

ナイフとフォークにはナイフとフォークの、箸（はし）には箸の作法があるように、口の形が違えば、その口の形に合わせた食事作法がある。ひと口に植物を食べる昆虫といっても、世界の昆虫の半分以上は植物を食べるといわれているくらい、植物を食べる昆虫にはさまざまな種類がいるので、食事作法もさまざまだ。作法が変われば、残される食べあとも変わる。植物を食べる昆虫の多くは、特定の植物を食べるので、どの植物に、どんな食べあとがついていたかを見さえすれば、昆虫を見つけなくても、そこ

ゴマダラオトシブミの食べあと

アメリカカンザイシロアリの食べあと

にどんな昆虫がいたのかを推理することだってできてしまうのだ。

たとえば、キュウリやカボチャの葉に、丸くくりぬいた穴が残されていたら、それはウリハムシという昆虫のしわざかもしれない。クヌギやコナラの葉がくりぬくようにかじられていたら、それはゴマダラオトシブミという昆虫のしわざかもしれない。ミカンの葉がごっそりかじり取られていたら、それはアゲハチョウの幼虫のしわざかもしれないし、ミカンの葉に白い筋で模様が描かれていたら、それはミカンハモグリガという小さなガの幼虫が、葉の内側に潜り込んで食べ進んだトンネルかもしれない。

葉っぱでなくとも食べあとは残る。イネの米粒の一部が黒く色が変わっていたら、アカスジカスミカメなどのカメムシが、汁を吸ったことで引き起こされたものだ。タラノキの枝や葉の根元がかじられていたら、それはセンノカミキリというカミキリムシのしわざかもしれないし、家の柱に穴があき、俵型の木くずが転がり落ちていたら、それはアメリカカンザイシロアリというシロアリのしわざかもしれない。食べあとは、たとえ姿が見えないような小さな昆虫であっても、その存在を人に教えてくれる情報源なのだ。

## 食べあとに残された個人情報

昆虫が残す食べあとはなにも昆虫を好きな人が昆虫探しのヒントに使うだけではなく、害虫とされる昆虫たちの存在にいち早く気づき、対策することにも役立てられている。ただ、食べあとだけでは、どんな種類の昆虫のしわざか、正確な判断がつきにくい場合も多い。

そこで目をつけられたのが、食べあとに残された昆虫たちの個人情報、ＤＮＡだ。ＤＮＡには、その昆虫だけがもっている情報が含まれているので、食べあとにＤＮＡが残っていれば、犯行現場に残された髪の毛から、犯人を特定できるのと同じように、そこにどんな昆虫がいたのか、たちどころにわかってしまう。

実際、ガの仲間のカイコの幼虫が食べた葉や、チョウの仲間のベニシジミの幼虫が食べた葉を調べたところ、その食べあとにはちゃんとそれぞれの昆虫のＤＮＡが残っていたことがわかったという研究もある。また、木の中に潜るカミキリムシやキクイムシ、シロアリなどが木の中を食べ進んだときに、木の外に押し出す「フラス」とよばれる木くずにも、それぞれの昆虫のＤＮＡが残っており、害虫とされているような一部の種では、そのフラスから昆虫の種類を特定できる方法が開発されている。

植物に残された何気ない食べあとには、じつは思ったよりもいろいろな情報が残されているようだ。

## 野菜の傷あと

農産物直売所の野菜売り場にはいろいろな種類の野菜が並んでいる。「ほら、このナス」。ナスを手に取った昆虫学者が連れに話し始める。「このへたの部分から傷みたいなのが広がってるでしょ。アザミウマっていう昆虫が、このへたの下でナスを食べたら、ナスが大きくなるにつれて傷が伸びてくんだよ」「へー、そうなんだ」。ナスをかごに入れた昆虫学者が次に手に取ったのは白菜だ。「この外側の葉。白い斑点みたいなのがついてるでしょ。これはナガメっていうカメムシの仲間が汁を吸ったあとかもね」「そうなんだ」。そして白菜をかごに入れ、レジに向かう。大事な商品を



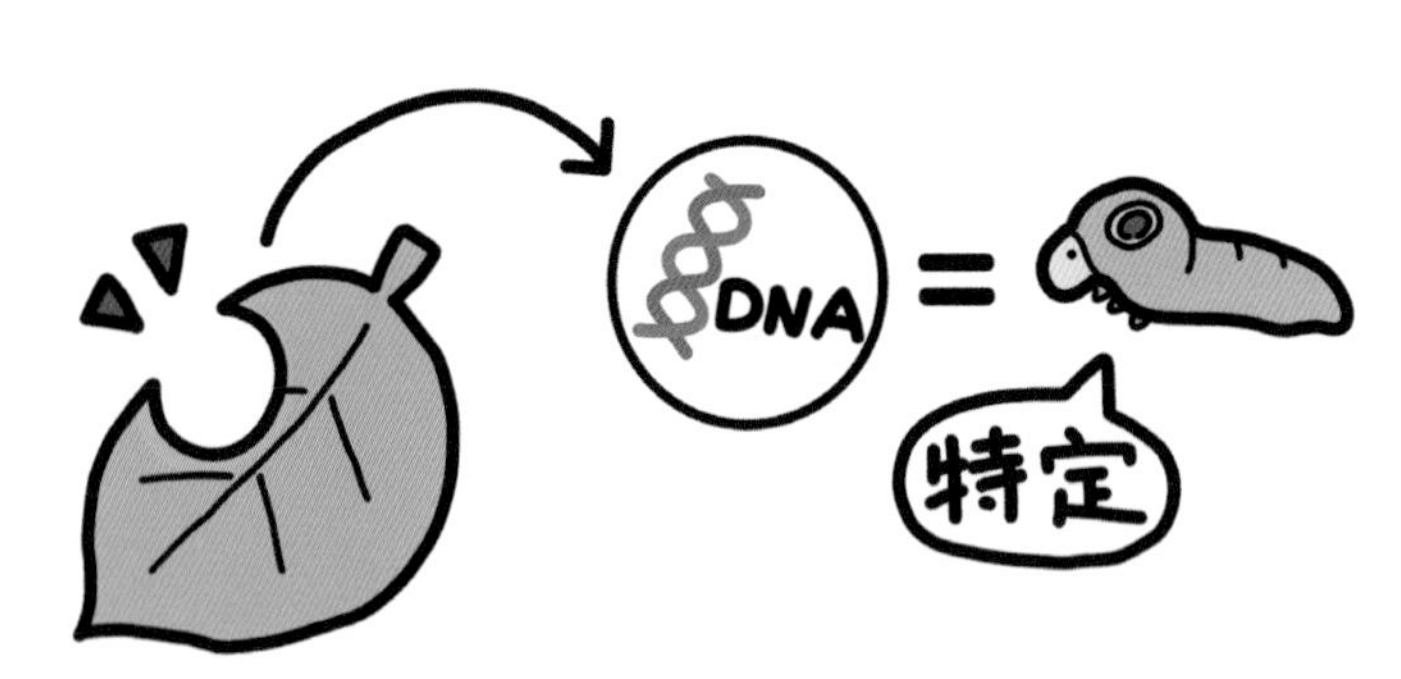


食べあとをDNA鑑定

前に、虫だの傷だのを語る昆虫学者に、怪訝(けげん)顔の店員をよそに、昆虫学者は満足げだ。

どうやら昆虫学者にとっては、野菜売り場さえも昆虫との出会いの場となるようだ。

# 頼れる隣人
# アリ

クロオオアリ（ハチ目：アリ科）



深い森や明るい林、草原や河原、海辺、さらには市街地の公園や空き地にいたるまで、どこにでも見られる昆虫といえば、アリをおいてほかにいない。体は小さくとも、集団で暮らし、たくさんの数がいるアリたちは、まるで陸上を支配しているかのように大繁栄している。そのためか、多くの生き物がこの小さな虫と多かれ少なかれ関わり合いながら生きているようだ。植物でさえ、アリとともに暮らすことを選んだものたちがいる。植物と昆虫の関係が、アリの暮らしから垣間見えるかもしれない。

## 逃げ場なし

6階に位置する、とある研究室。机の上に食べかけの菓子パンを置いたまま、一人の学生が席を立った。1時間後、部屋に戻った学生の目に飛び込んできたのは、菓子パンから窓に向かって伸びた、一本の黒くうごめく帯だった。「こんなところまで……」。呆然とつぶやく学生の目に映っていた黒い帯は、アリたちがつくった行列だった。昆虫学者を志していた学生はもちろん、アリの行動範囲の広さは知っているつもりだった。だがここは地上6階の部屋の中。学生もここまでアリの手がおよぶとは考えていなかった。もはやアリの進撃から逃れる術は地上には残されていないのだろうか。

## 小さな狩人

アリたちは地上のいたるところに姿を現す。世界に1万種以上、日本に280種以上が生息し、陸上のいたるところに生息域を広げている。ある瞬間に地球上

お菓子を落とすと、すぐにアリが群がる

に存在するアリの個体数は10,000,000,000,000,000（1京）頭という推定もあり、その全体の重量は地球の動物の15％を占めるという。もともと生息していなかった島などの場所もあったようだが、人間の活動に伴ってそんな地域にも進出したため、今や地球上のいたるところが生息場所となり、もはや地上はアリに埋め尽くされているといっても過言ではないのかもしれない。

ひと口にアリといっても、アリにはじつにさまざまな生態をもったものたちがいる。ただし、ここでいうアリとは、アリ科に属する昆虫の総称で、シロアリの仲間は含まない。アリはハチの仲間だが、シロアリはむしろゴキブリに近いというのは、最近では有名な話だ。

たとえば食べ物ひとつとってみても、アリの好みは多岐にわたる。野外で弱って動けなくなっていたり、力尽きたりした虫などにアリが群がっているのを見かけることがあるように、アリは基本的には肉食性のようだ。なかには、より積極的に獲物を捕らえる「狩り」をおこなうアリも知られている。たとえば、ハリアリとよばれるアリの仲間は、ハチと同じように毒針をもっていて、これで獲物を刺して麻痺させることで動きを封じ、捕らえることができる。あまり目にすることはないかもしれないが、

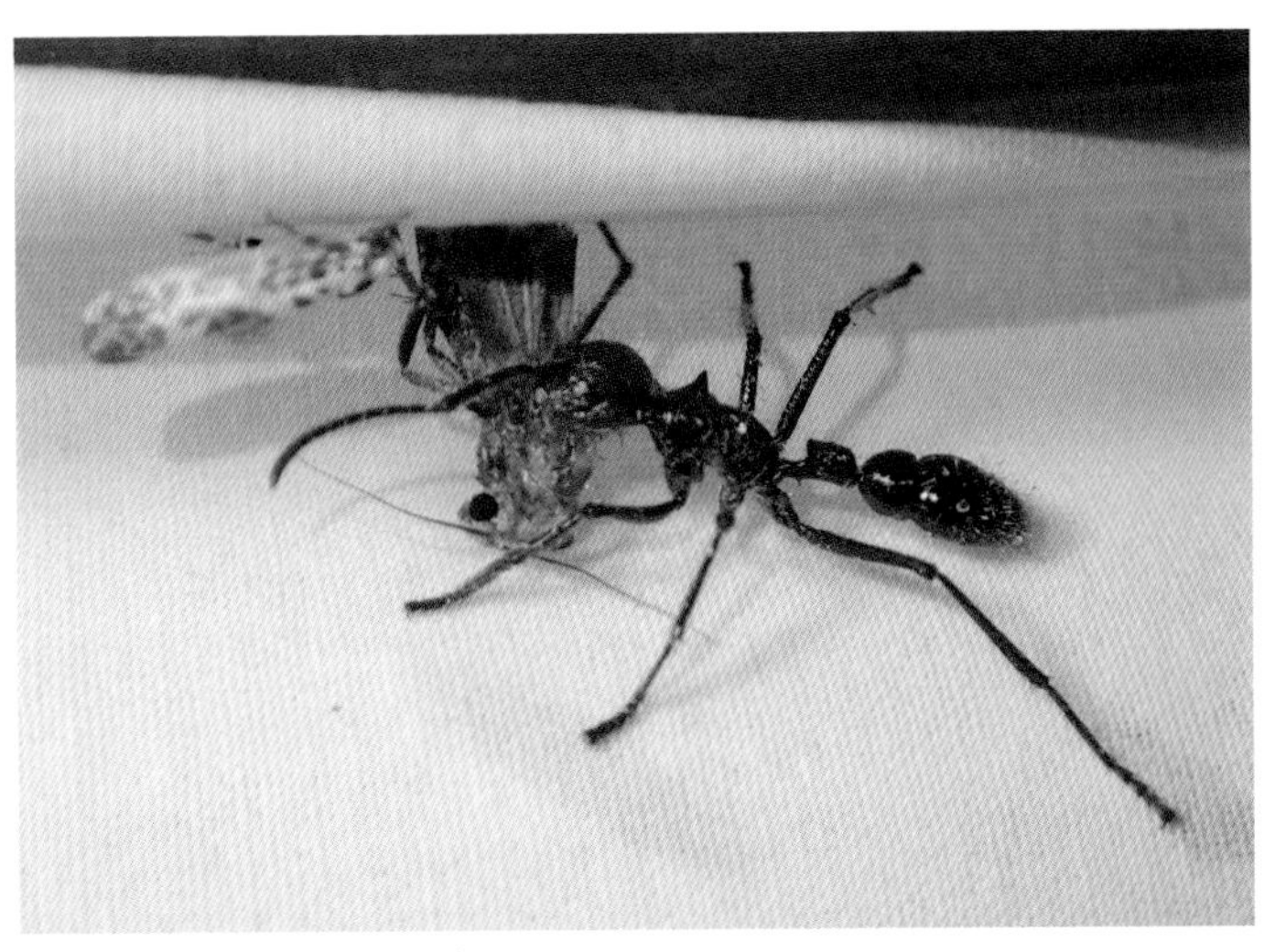

**獲物をくわえたサシハリアリ**



日本にもオオハリアリなど、この仲間のアリが生息している。また、中南米にはサシハリアリ（パラポネラともよばれる）という、働きアリが2センチメートル以上にもなる夜行性の大型のアリがいて、発達した大あごと強力な毒針を使って狩りをおこなう。自分よりも体の大きい獲物すら仕留め、軽々とくわえて持ち帰る姿は圧巻だ。特にこのアリの毒針は強力で、人が刺されると鉄砲で撃たれたかのように激しい痛みを伴うことから、英語では「Bullet ant（弾丸アリ）」とよばれることもある。同じ中南米には、大群で押し寄せ、出くわした昆虫や小動物を襲う、グンタイアリとよばれるアリの仲間も生息している。

いずれも攻撃的なハンターたちだが、その食料は完全に狩りに依存しているわけでもないらしい。たとえば、英語の名前からして獰猛(どうもう)そうなサシハリアリでも、実際には甘い樹液などを巣へと持ち帰る様子が観察されているようだ。

## 甘いもの好きのボディガード

テントウムシの大好物であるアブラムシも、アリにとっては貴重な食料源だ。といっても、アブラムシをアリが襲って食べるわけではなく、アブラムシが体内から出す甘露(かんろ)とよばれる甘い汁がアリの食べ物となる。アブラムシは植物の汁を吸うのだが、それには甘い糖分が大量に含まれているため、アブラムシは余分な糖分を濃縮して、甘露として体の外に捨てるのだ。

アリにとっては甘い汁を手軽に得ることができるいいパートナーだが、じつはアブラムシにとっても、アリはいいパートナーとなっている。アブラムシの甘露を求めてやってきたアリは、アブラムシが外敵に襲われないように守るボディガード役をしてくれるからだ。アリが甘露をもらうためにアブラムシを守る様子が、「アリの牧場」

アブラムシを世話するアリ

シジミチョウの幼虫を世話するアリ

でアブラムシを飼っているかのようにも見えることから、アブラムシの別名をアリマキ（アリ牧）ともよんでいるくらい、この持ちつ持たれつの関係はよく見られる光景となっている。

アブラムシに限らず、アリをボディガードとして雇っている昆虫たちがいる。シジミチョウの幼虫もそのひとつだ。シジミチョウの幼虫は蜜腺とよばれる器官をもっていて、ここから甘い汁を出し、これをアリに与える代わりに、外敵から身を守ってもらっているようだ。

## アリの巣暮らし

アブラムシやシジミチョウに限らず、アリとともに暮らす道を選んだ昆虫は数多い。なかでもユニークなのが、アリの巣の中に住み着いた昆虫たちだ。まるでアリ（蟻）を好んで一緒に暮らしているような様子から「好蟻性昆虫（こうぎせいこんちゅう）」とよばれている。ただその多くは、アリを勝手に利用している無法者たちだ。アブラムシなどと違って、アリにとって一緒に暮らすメリットは見られない場合がほとんどだ。

たとえば、コオロギの仲間にアリヅカコオロギというのがいる。コオロギといえば、秋に「コロコロ」と鳴くエンマコオロギが一般的によく知られているが、このアリヅカコオロギの仲間は、そんなコオロギとは姿がずいぶん違って見える。体はアリほどに小さく、羽もない。コオロギの仲間はふつう、羽をこすり合わせて音を出すことで鳴いているから、羽がないアリヅカコオロギは鳴くこともない。エンマコオロギが地上で植物や死んだ小動物などを食べている一方、アリヅカコオロギの仲間は、アリの巣の中でアリが集めた食べ物をあさっている。アリにしてみれば、勝手に見ず知らずのものに巣の中で暮らされたのではたまったものではない。見つけたら当然追い出したいはずだ。だが、残念なことに、アリの仲間は基本的に眼が悪いらしい。アリヅカコオロギの仲間はそこに目をつけたようだ。アリのにおいを体にまとうことでアリをだまし、あたかも同じ巣の仲間であるかのように暮らしているのだ。なかにはアリから口移しでエサを分けてもらったりするものまで知られているというから驚きだ。

　アリヅカムシとよばれる昆虫もいる。名前とは異なり、

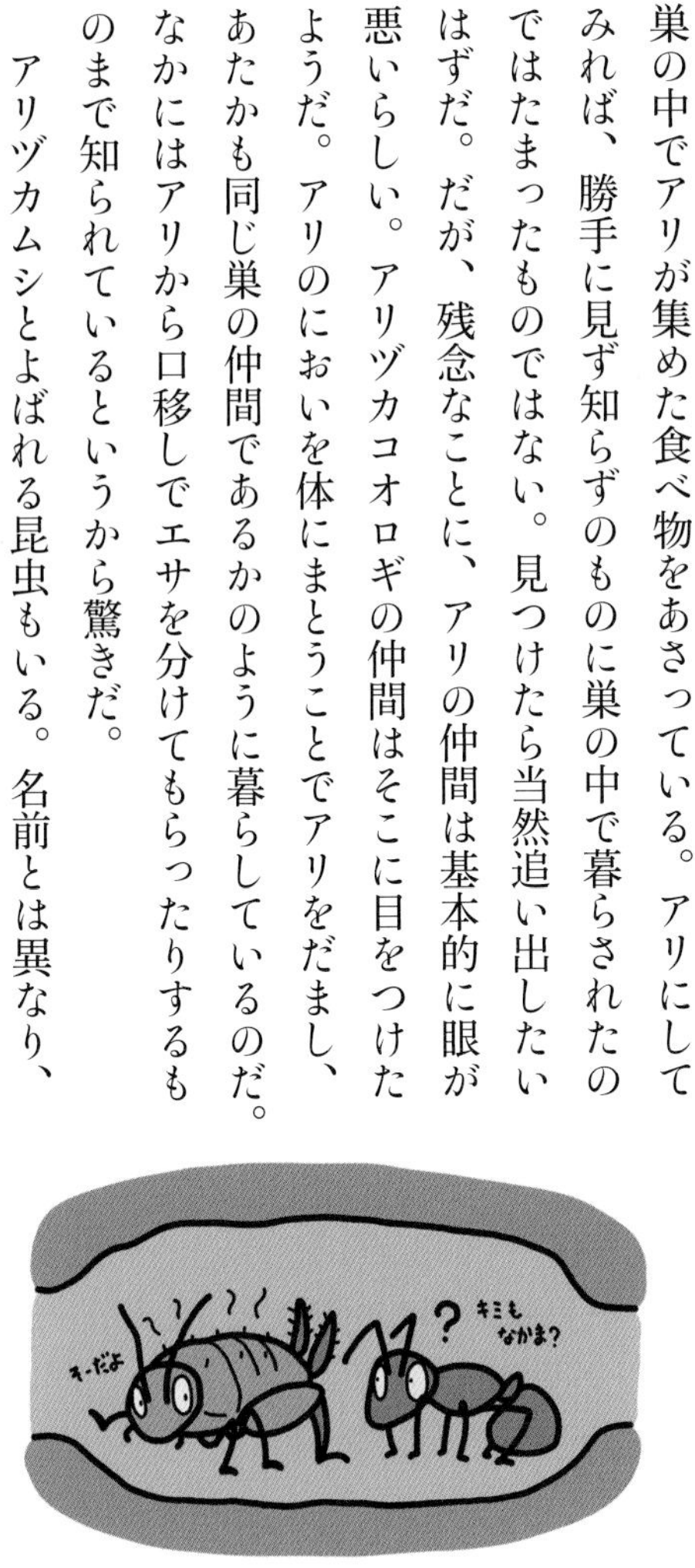


アリの巣に住むアリヅカコオロギ

その多くは落ち葉の下などで暮らしているが、なかにはその名前の通り、アリの巣の中で暮らすものもいる。そういったアリヅカムシもやはりアリのにおいを身にまとってアリをだまし、わがもの顔でアリが集めた食料を横取りするのだ。

シジミチョウの幼虫はふつう、アリの巣の外でアリとともに持ちつ持たれつの関係で暮らしているが、なかにはアリの巣の中で暮らすようになったものたちもいる。ゴマシジミやクロシジミというシジミチョウがそれにあたる。クロシジミの若い幼虫はアブラムシの甘露を食べて育つ。ある程度育ったころ、自分自身が体から甘露を出しはじめ、そのクロシジミの幼虫を気に入ったかのように、アリが自分の巣に連れ込んでしまう。巣の中に入り込んだクロシジミの幼虫は、アリのにおいを体にまとうことで、アリから口移しでエサをもらったり、体の掃除までしてもらったりするそうだ。こうなるともう、シジミチョウばかりが得するかたちになってしまう。持ちつ持たれつの関係を保つのはなかなか難しいようだ。

## 植物の国のアリの巣

何気なく道ばたの木を眺めていると、その上をアリが歩いていることがよくある。

**アカメガシワの花外蜜腺にやってきたアリ**



じつは植物のなかにもアリとの関わりが強いものたちがいる。たとえばサクラやアカメガシワなどの木がそうだ。これらの木の葉をよく見ると、葉の根元あたりにこぶのようなものがついている。これは花外蜜腺（かがいみつせん）とよばれているもので、蜜といえば花にあるものが一般的だが、花外蜜腺では名前の通り、花ではないにもかかわらず蜜が出されている。アブラムシの甘露と同じように、この蜜を求めてアリが集まってきて、植物を食べる昆虫たちを追い払ってくれるというわけだ。

ここでちょっとした疑問が生まれる。アブラムシだって植物を食べる昆虫だ。もし花外蜜腺をもつ植物にアブラムシがとりついた場合、アリは花外蜜腺の蜜とアブラムシの甘露のどちらを選ぶのだろうか。花外蜜腺をもつ植物であるソラマメを使って、植物とアリとアブラムシの関係を調べた研究によると、ソラマメにアブラムシがとりつくと、ソラマメの花外蜜腺に集まっていたアリたちは、アブラムシの甘露を利用するようになったそうだ。アブラムシの濃縮された甘い甘露は、アリにとってより良質なエサであったからだろう。といって

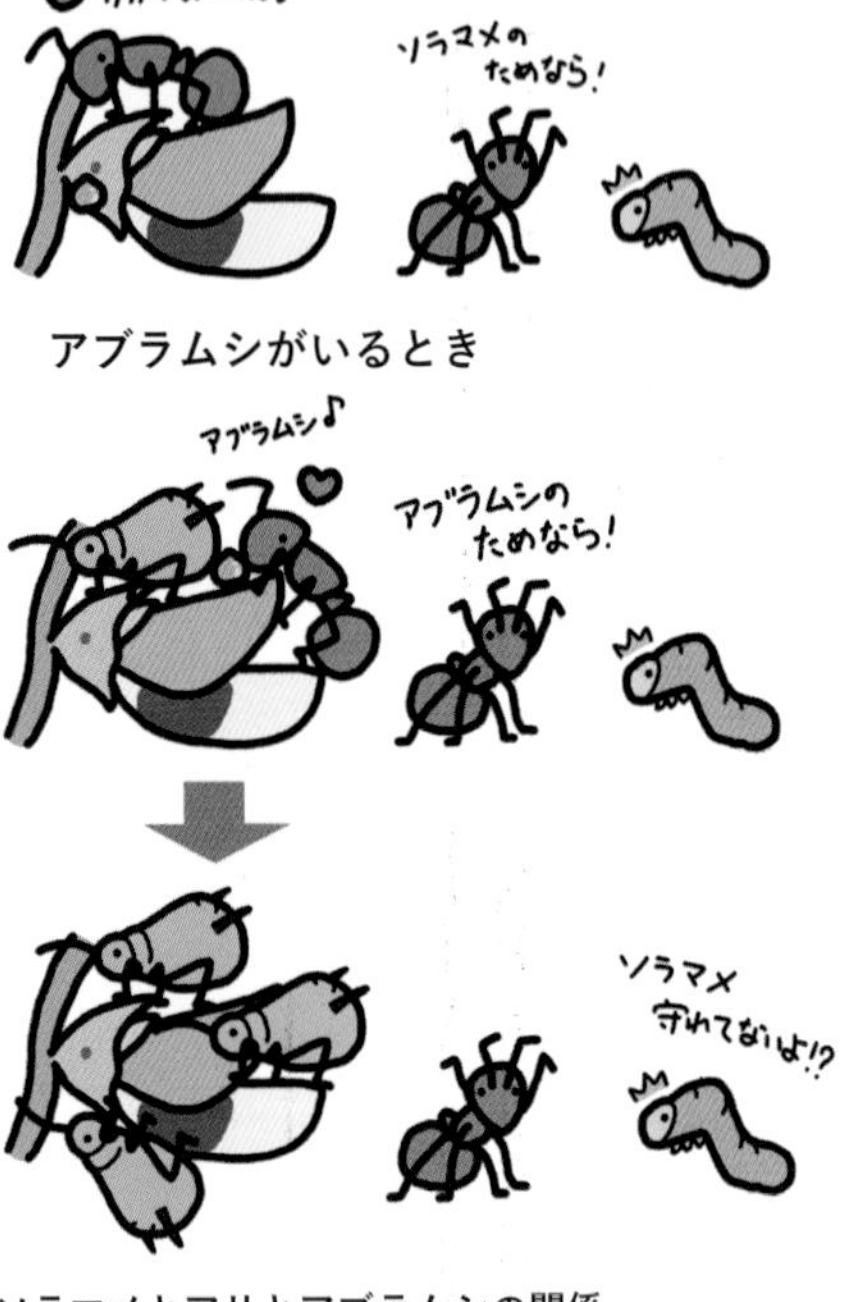


ソラマメとアリとアブラムシの関係

も、アリが引き寄せられているのが、花外蜜腺の蜜だろうが、アブラムシの甘露だろうが、どっちにしろ、アリ自体は植物の上にいるので、ソラマメに寄ってくる他の虫を追い払ってくれる。アブラムシにさえ目をつぶっておけば、植物も問題ないわけだ。もちろん、アブラムシが増え始めると、アブラムシによる被害が大きくなり、せっかくアリに守られていてもしょうがないような状態におちいってしまう。そうなると、花外蜜腺を介したアリと植物の持ちつ持たれつの関係もおしまいだ。ちょっとした第3の要素が加わることで、思ったよりも簡単にアリとの関係は崩れてしまうようだ。

それでもやはり、地上を支配するアリとうまくやっていくことは、植物にとっても魅力的だったのだろう。花外蜜腺に限らず、植物はアリとの関係を模索してきた。その究極のかたちが、自分の体内にアリが居住できる空間を用意し、アリを住まわせるというものだ。「アリ植物」とよばれるこれらの植物は、世界各地の熱帯で知られている。巣が植物の中にあれば、アリは巣を守るために植物を守るわけだ。しかもアリ植物は、

アリを宿すことができるアリ植物

自身を食べる他の昆虫をアリに追い払ってもらえるだけではなく、アリのフンなどの排出物を栄養源としても利用できる場合があるらしい。こういった特典は植物にとっても魅力だったようで、さまざまな種類の植物で、アリ植物となる道を選んだものが見つかっている。

アリが植物から請け負っている仕事はボディガードだけではない。たとえばタネのデリバリーもアリの仕事のひとつだ。自力では動けない植物は、分布を広げるために、タネをより離れたところへ運べるようさまざまな工夫を凝らしている。タンポポのように綿毛をつけて風に乗せ、はるか遠くにタネを飛ばすもの、ひっつきムシとよばれるタネのように、ネバネバやトゲトゲで通りがかりの動物にくっつき、遠くへと運んでもらうようにしているもの、さらには動物に実を食べさせることでタネが運ばれるものなど、植物によってその方法はさまざまで、そのひとつがアリによるタネのデリバリーというわけだ。

アリによるタネのデリバリー

スミレやカタクリは、そんなアリによるタネのデリバリーを利用している植物として知られている。ただしデリバリーはタダでない。スミレやカタクリのタネにはアリが好んで食べる、おいしいまかない料理「エライオソーム」がお駄賃としてついてくる。栄養満点でアリには大人気だ。アリはエライオソームのついた植物のタネを見つけると、巣へせっせと持ち帰る。その後、おいしいエライオソームの部分だけを食べ、巣の近くにタネを捨ててしまう。こうすることで、アリによってタネが運ばれるといった仕組みとなっている。

## 植物とハチと、やっぱりアリ

アリに限らず、昆虫と植物はさまざまな持ちつ持たれつの関係を築いている。ハチやハエ、チョウといった昆虫たちが、蜜や花粉を植物からもらう代わりに花粉を運ぶというのもその代表的なものだ。なかでもイチジクの木の仲間と昆虫の関係はおもしろい。身近に見られるイヌビワや沖縄の代表的な木として知られるガジュマルもこの仲間だ。このイチジクの仲間と持ちつ持たれつの関係を築いているのがイチジクコバチというハチの仲間だ。イチジクの仲間がタネをつくるには、このハチの仲間が欠か

**花嚢から姿を現したイチジクコバチ♂**

せない。イチジクの花は花嚢（かのう）といって、実のように見える袋の内側にたくさんの小さな花を咲かせる構造になっている。イチジクコバチはこの花嚢の中で生まれる。メスだけが羽をもつこのハチは、羽のないオスと交尾したあと、メスだけがイチジクの花粉を身にまとい、花嚢から飛び去る。新たな花嚢へとたどり着いたメスは、その中に潜り込み、産卵する。このとき、イチジクコバチの体についた花粉が運ばれることで、イチジクが受粉し、タネがつくられ、「花嚢」はイチジクの実「果嚢」となる。イチジクはイチジクコバチの幼虫が育つためのすみかを与え、イチジクコバチはイチジクの花粉を運んで、イチジクのタネが実るための手助けをするという、互いに子育てを助け合っているかのような関係ができあがっている。

めでたしめでたしというところだが、イチジクと昆虫の関係はまだ終わっていないらしい。ここにまたアリが登場する。イチジクの仲間であるガジュマルの実（果嚢）は、熟して地面に落ちると、鳥やネズミのような動物などに食べられる。実を食べた動物が糞（ふん）をすると、うまく消化されずに残ったタネがばらまかれる。このタネをさらにアリが運ぶというのだ。このタネを詳しく調べたところ、糞として出てきたタネの果皮に、アリが好む油脂成分が含まれていることがわかったそうだ。つまり、ガジュマルは鳥やネズミのような動物に加えて、アリまでも使ってそのタネを遠くに運んでもらっているようなのだ。

## 持ちつ持たれつ

いったい植物と昆虫の持ちつ持たれつの関係はどこまでつながっているのだろう。きっと身を守ってもらったり、花粉を運んでもらったり、タネを運んでもらったりといった、目に見えるものばかりではないはず

アリにバトンパス

だ。

もしかしたら植物を食べる昆虫ですら、長い目で見ると、植物と持ちつ持たれつの関係を築いているのかもしれない。木を食べて枯らしてしまうような昆虫だって、木を枯らして森に新たな空間をつくることで、そこに新たな植物が育つのを助けていると考えることもできるし、枯れた植物を食べて分解する昆虫がいることで、植物が育つための栄養がつくられていると考えることもできる。昆虫と植物の深い関係にはきりがないようだ。

公園の片隅で地面に落ちたお菓子から伸びたアリの行列。その横に座り込んでいる一人の子どもがいた。「よく子どものころ、こうやってアリの行列を見てたな」。それを見た昆虫学者がつぶやく。どこにでもいるアリたちは、人が生まれて最初に出会い、昆虫の存在を意識するきっかけとなることも多い。地上がアリたちの世界である以上、植物であれ動物であれ、アリと良好な関係を築くのは、そこでの暮らしに役に立つことに間違いない。それは人も同じだ。アリは人の子どもが落としたお菓子をもらい、人の子どもは昆虫の世界を知るきっかけをもらう。そんな変わった持ちつ持たれつがやがて、昆虫からの学びをたくさんの人に教える昆虫学者を生み出すことにもつながっていたりするのかもしれない。

# 森の芸術家 セミ

ミンミンゼミ（カメムシ目：セミ科）

夏の森を大合唱で彩る音楽家といえば、セミの仲間が思い浮かぶ。木の上が活動拠点であるこの音楽家たちのエネルギー源となる食事は、木の中を流れる樹液だ。セミの顔をのぞいてみると、樹液を吸うために、針のように長くとがった口をもっているのがわかる。同じような針状の口はアブラムシの仲間ももっている。じつはセミとアブラムシは近い存在なのだ。そんなアブラムシの仲間にも、セミに負けじと、芸術に明るいものがいるようで、こちらが得意とするのは植物を使った工芸だ。セミやアブラムシに限らず、植物を食べる昆虫には芸術家たちが少なくないようだ。

恐怖のセミ爆弾



## セミの爆弾

朝。アパートの扉を開き、出かけようと一歩踏み出したとき、外に面した廊下の先に、一匹のアブラゼミがひっくり返っているのが目に入った。昆虫はひっくり返って死んでいることがよくある。このセミも寿命を終えて死んだのだろう、と思ってしまいそうだが、じつはけっこうな割合で、そのセミは死んでいない。死んでいると思っていたセミが、通り過ぎようとしたところで、突然バタバタと羽を羽ばたかせるものだから、虫嫌いな人にとっては、もはや廊下に仕掛けられたセンサーつき爆弾が爆発したような恐怖となる。

どうもこの現象は、夜のアパートの明かりに誘われて飛んできたセミが、壁に頭をぶつけてひっくり返り、気を失ったように動きをとめ、そのまま朝を迎えることで起こってしまう不幸な事故のようだ。セミが本当に死んでいれば、足を内側に曲げていることが多く、生きていれば開いていることが多い。そこを見ればひとまず心の準備はできる。そもそもふつう、飛んできたセミがそこですぐに命を落とすことはないので、死んでいることのほうが少ないと考えておけばよい。

もちろん、生きていると気づいたところで、その横を通り抜けないことには先に進めない場合には、覚悟を決めるか、誰か先に爆弾を受けてくれる人を待つか、セミを嬉々として拾い上げる昆虫学者を待つしかない。どうせ毎年セミとにらみ合うことを考えれば、セミを好きになるのがいちばんの近道であるに違いない。

## セミたちの大合唱

セミの仲間にはいろいろな種類がいて、夏になるとたくさんのセミたちの鳴き声が聞こえてくる。「ミーンミーンミンミー」と鳴くのがミンミンゼミ、「シャーシャーシャー」と大きく鳴くのがクマゼミ、「ニイーーー」と高くかぼそく鳴くのがニイニイ

オスの大きな腹弁

ゼミ、「ツクツクボーシ」とリズムよく鳴くのがツクツクボウシ、「カナカナカナカナ」とさみしく鳴くのがヒグラシで、「ジーーー」と油で揚げるような音で鳴くのがアブラゼミだ。

鳴き声に限らず、見た目もそれぞれのセミで特徴がはっきりしているので、慣れれば見分けるのは簡単だが、そのなかでも、唯一茶色く不透明な羽をもったアブラゼミは、身近にたくさんいて、覚えやすいセミのひとつだ。

アブラゼミは、夜の明かりによく集まるので、例の爆弾になりやすい。この爆弾には、爆発したときに「ジジジッ！」と声を上げてばたつくものと、声を上げ

夕暮れに鳴くヒグラシ



ずにばたつくものがある。声を上げないのは弱っているからではなく、メスだからだ。メスはそもそも鳴くための器官がオスのように発達していないため、驚いても声を上げることはできないのだ。ひっくり返ったセミのオスのお腹には「腹弁」とよばれる板のようなものが大きく張り出しているが、メスのそれは小さい。この大きな板が大きな声で鳴くために欠かせないようだ。

セミたちの鳴き声は、日本の夏を感じさせてくれる風物詩となっている。さながら夏を大合唱で彩る音楽家といったところだ。その歌は、ニイニイゼミが、高くか細い声で夏の始まりを告げ、やがてクマゼミやアブラゼミ、ミンミンゼミが、声高らかに夏の盛りを歌い、秋風が混じるようになってきたころ、ツクツクボウシやヒグラシの声がさみしく響きわたるといった具合に、夏の季節の移ろいを感じさせてくれる壮大な組曲のようでもある。

　季節だけではなく、地域によっても鳴いているセミは変わってくる。南国の九州では、平地で鳴いている大型のセミといえばクマゼミとアブラゼミで、山間の涼しいところに出かけないとミンミンゼミの声は聞こえてこない。一方、関東の平地で鳴いているのはミンミンゼミとアブラゼミが多い。川のせせらぎを聞けば人は涼しく感じるもので、ミンミンゼミといえば涼しいところで鳴いているもの、という感覚で育った九州人の場合、うだるような真夏の関東平野であっても、ミンミンゼミの声が聴こえれば、どことなく涼しく感じてしまうかもしれない。いずれにしても、セミは日本人にとって夏を感じるのに欠かせない身近な存在となっている。

## 吸血セミあらわる?

　そんなセミの芸術家気質を踏まえて、セミの爆弾の話に戻ってみよう。虫嫌いな人はともかく、昆虫学者がこの爆弾に出会ったときの一連の流れはどうなるだろうか。

吸血セミ？



玄関を出た昆虫学者は、数歩先にひっくり返ったセミを発見する。即座にそのセミが生きているか死んでいるか、オスであるかメスであるかを見抜き、ひょいと取り上げる。この際、指でつかみ上げると、オスだったら大きな声を出して周囲の人を驚かせてしまう。そこでひっくり返って開いた足のあいだに指を差し込み、自力で指にしがみつかせる。こうすると、オスであっても騒ぐことなく拾い上げられ、このときのしがみつきの強さで、セミが弱っているかどうかもある程度判断できるようだ。力強くしがみついてくるのはまだまだ元気なセミで、そのまま上に軽く放り投げれば自力で飛んでいく。弱っている場合はもう長くは生きられないだろうが、近くの木にでも運んであげよう。昆虫学者にとってセミのレスキューにおける状況判断は朝飯前だ。

そんなセミのレスキューをやっていると、突然、指にブスッと太い針が突き立てられたような痛みが走る。見ると、セミが針のようにとがった口を指に突き立てている。恐怖の吸血セミの誕生だ……といいたいところだが、もちろんセミが人の血をエサとして吸うことはない、はずだ。セミのとがった口はエサである樹液を吸うために使われるものだが、どういうわけか、指にセミをとめていると、このとがった口を突き立ててくることがあるようだ。痛がりながらも昆虫学者が気になっているのは、このとがった針のような口だ。

どういう昆虫が針のようなとがった口をもっているだろうか。硬く、先がとがった口は、何かを突き刺し、内側の液体を吸うのに適していそうだ。たとえば、人の血を吸うこともあるカの仲間の口はやはり細くとがっている。一本の針のように見えるその口は、じつはいくつかのパーツが組み合わさってできており、のこぎりのようにギザギザになった先端の部分を交互に動かしながら刺すことで、血を吸う相手にあまり痛みを与えずにこっそりと血を奪っているそうだ。同じく血を吸うことで知られるア

草食性のキバラヘリカメムシ

肉食性のヨコヅナサシガメ

ブの仲間の口も、カよりは太く短いものの、やはりとがっていて、切り裂くように皮膚を刺して血を吸う。

もちろんセミのように、植物の汁を吸う昆虫にもとがった口をもっているものがいる。たとえば、カメムシも植物の汁を吸う昆虫のひとつだ。カメムシの多くは刺激すると強烈な臭いを放つ。そんな昆虫を臭いにめげずに手で持ち上げ、ひっくり返してのぞいてみると、やはりとがった口をしているのがわかる。じつは、カメムシとセミは、同じカメムシ目という昆虫のグループに属する親戚のような存在だ。よく見ると、口だけではなく、つぶらな瞳もセミとカメムシはよく似ている。

ちなみにカメムシには、植物の汁を吸うもの以外に、昆虫などを捕まえて、とがった口を刺して体液を吸う、サシガメとよばれる肉食性のものもいて、そのなかには、人などの哺乳類の血を吸うこともある吸血カメムシも知られている。同じカメムシ目であることを考えれば、「吸血セミ」だっていてもおかしくないのかもしれない。実際、花の蜜を吸っていると思われているガの仲間にだって、吸血するものが見つかっているくらいなのだから。

爆弾だの吸血だの物騒な話はさておき、カメムシの仲間には、サシガメのように肉食性で他の昆虫などの体液を吸うもの、セミのように草食性で植物の汁を吸うものなど、いろいろな昆虫が含まれている。

肉食性のカメムシの仲間では、タガメやアメンボも有名だ。タガメは水の中で暮らす水生昆虫で、前足が鎌のようになっていて、この鎌で挟み込んで捕らえた魚などに、とがった口を突き刺し、体液を吸う。アメンボは水面ですべるように歩いて暮らす昆虫で、水の上に落ちた昆虫などを獲物にしている。

一方、逆に草食性のカメムシの仲間には、草の汁を吸うウンカやヨコバイ、木の汁を吸うカイガラムシやキジラミ、ツノをもったセミのような姿のツノゼミなどがいる。じつは、アブラムシもこの仲間だ。同じ草食性のカメムシの仲間といっても、小さなアブラムシとセミでは似ていないように思えるが、アブラムシもセミと同じように植物の汁を吸うし、余分な栄養や水分は、おしっことしてお尻の先から捨てる。そして、アブラムシのなかにもセミと同じように芸術家気質をもったものたちがいるのだ。

芸術家のアブラムシは「虫こぶ」とよばれる不思議な構造の住みかをつくりだす。

木の汁を吸うアブラムシ

アブラムシがイスノキにつくった虫こぶ。

セミが音楽家なら、こちらは建築家だ。虫こぶとはその名の通り、「虫」が植物につくった「こぶ」のことだ。こぶといっても形はさまざまで、たんこぶや水膨れのように植物の一部が膨れたようなもの、葉っぱや芽が縮んで絡まりあったようになるもの、人工物のようにバランスのとれた形をしたもの、はては、どうしてそうなったのか想像もつかないような奇抜な形のものまである。虫こぶをつくるといっても、どこか別の場所から材料を運んできてつくるのではない。アブラムシはあくまで汁を吸っているだけだ。汁を吸うときにアブラムシの唾液が植物の中に注ぎ込まれると、その部分が正常に成長しなくなり、アブラムシを覆い隠すように変形した虫こぶへと姿を変えるのだ。

虫こぶの形や虫こぶがつくられる植物の種類は、アブラムシの種類ごとにだいたい決まっている。公園などによく植えられているイスノキは、特にアブラムシの虫こぶがよく見られる木として知られ、7種類ものアブラムシの虫こぶが見つかっている。なかには8センチメートル以上になることもある巨大な虫こぶもあって、イスノキの枝につくられる茶色の大きな虫こぶという意味で、イスノキエダチャイロオタマフシという名前がつけられている。この虫こぶの中では、虫こぶをつくったモンゼンイスアブラムシというアブラムシが、数百頭もの集団で、虫こぶをエサに暮らしているのだ。

## 虫こぶ同好会

虫こぶをつくる昆虫はアブラムシだけではない。じつはさまざまな昆虫が、同じように虫こぶでの暮らしを好み、虫こぶ同好会のメンバーとして、思い思いに芸術的な虫こぶをつくって暮らしている。

たとえば、ハエの仲間にも虫こぶをつくるものがいる。タマバエという昆虫がそれだ。名前にハエとついているが、体の形や大きさはカに近い。すべてのタマバエが虫こぶをつくるわけではないが、世界で6000種以上が知られていて、虫こぶをつくる昆虫のなかではいちばん種類が多い昆虫となっている。日本では少なくとも600種類以上のタマバエによる虫こぶが見つかっているというから驚きだ。身近な植物も材料になっていて、道端に生えるヨモギに、茎を白いワタで覆ったような虫こぶや、芽をツボのような形に仕立てた虫こぶ、葉っぱにとんがり帽子を生やしたような虫こぶをつくっているのも、全部タマバエの仲間だ。

2番目に虫こぶをつくるものが多い昆虫は、タマバチというハチの仲間だ。これま

シロヨモギにつくられたツボ型の虫こぶと
ヨモギツボタマバエ

コナラの芽につくられた虫こぶと
ナラメカイメンタマバチ

た体はカほどに小さくて、ほとんどは体長2、3ミリメートル、大きいものでも6ミリメートルほどしかない。世界で1400種以上が見つかっていて、その多くが虫こぶをつくる芸術家だ。タマバチが好んで材料にしているのはクヌギやコナラ、カシといったドングリの木で、葉っぱに真珠のように丸い光沢をもった虫こぶをつくったり、芽にピンポン玉のように大きく膨らんだ虫こぶをつくったり、枝にイガグリのようにトゲを生やした虫こぶをつくったりと、個性的な虫こぶづくりにいそしんでいる。

キジラミというカメムシ目の昆虫も虫こぶ同好会のメンバーだ。キジラミの成虫は、セミを体長数ミリメートルほどまで小さくして触角を少し伸ばしたような姿をしている。すべてのキジラミが虫こぶをつくるわけではないが、芸術家気質をもったものは、葉っぱの一部を丸くドーム状にくぼませたような虫こぶをつくっている。ほかにもコウチュウの仲間やガの仲間などにも虫こぶをつくるものたちがいる。

さまざまな昆虫がそれぞれに違った形の虫こぶをつくっているが、虫こぶのつくり方にはいくつかの作法があるようだ。植物の汁を吸うアブラムシやキジラミでは、とがった口を使って汁を吸うときに植物に唾液を注ぎ込み、唾液の中の成分が植物の成長をあやつることで虫こぶがつくられる。

クリの芽に産卵管を突き刺して卵を産むクリタマバチ



一方、タマバエの成虫もタマバチの成虫もアブラムシやキジラミのようなとがった口はもっていないので、同じように植物に唾液を注ぎ込むことはできない。とがった口の代わりに、タマバエやタマバチがもっているのは、「産卵管」とよばれる、卵を産みつけるための針のような管だ。この細い管を植物に突き刺し、卵を産みつけることで、タマバエやタマバチは虫こぶをつくっているようだ。ただ、虫こぶが完成するまでには、まだ解明されていない複雑なメカニズムが関わっているようで、成虫がただ産卵するだけではなく、植物の中で生まれた幼虫も何らかの働きをしているらしい。親と子の共同作業でつくり上げられるタマバエやタマバチの虫こぶは、アブラムシやキジラミなど、他の昆虫がつくるものに比べて、より複雑な形をしていることが多く、ときに奇抜で、ときに美しい、不思議な構造をしているようだ。

## 虫こぶをつくるわけ

いったいなぜ昆虫のなかには虫こぶをつくるものがいるのだろうか？　ある人は植物が昆虫から身を守るために虫こぶをつくっているのではと考えた。たとえば、葉やら茎やらいろいろなところを食べ散らかされて、ボロボロになるよりも、虫こぶの中に昆虫を封じ込めてしまって、そこだけを食べるように仕向けることができれば、他のところを食べられないで済みそうだ。だがそれでは、虫こぶが虫の種類ごとにさまざまな色や形をしていることがうまく説明できない。単に封じ込めて食べさせるだけなら、そんなに趣向を凝らしたものにする必要はなさそうだからだ。

またある人は、虫こぶは昆虫が植物をかじったり、汁を吸ったりした結果、たまたまそこが変形したようなもので、植物にとっても昆虫にとっても何の意味もないもの、とも考えた。だが、これもなぜ、これほどまで虫こぶの形が多様なのかをうまく説明

**クリの芽につくられたクリタマバチの虫こぶと断面**



できそうにない。とすると、やはり昆虫が虫こぶをつくることには何かの意味があると考えられそうだ。

カギとなるのは、虫こぶをつくる昆虫にとって、虫こぶはエサであり、隠れ家であるという点だ。タマバチの虫こぶを例に見てみよう。タマバチの虫こぶの内側を調べてみると、幼虫の周りを柔らかく、水分たっぷりな組織が取り囲んでいるのがわかる。じつは、植物の一部が虫こぶへと変化するとき、幼虫の周りを取り囲む組織は、通常の植物の組織から、より栄養満点な組織へとつくりかえられている。植物を食べる昆虫はふつう、植物の上を動き回りながら、若葉など、やわらかくおいしい部分を探して食べ歩くが、タマバチの幼虫の場合、虫こぶの中で一歩も歩くことなく、体の周りのごはんだけを食べて育つことができる。実際、タマバチの幼虫には足がなく、そもそも動き回ることは考えていないようだ。これを見る限り、少なくとも昆虫にとって、虫こぶがエサを得るのに役立っているということは間違いなさそうだ。

一方、幼虫を取り巻く部屋の外側は壁で覆われている。壁の構造はさまざまで、分厚い壁から、薄い壁、スポンジ状で水分を含んだ壁、木のように硬くなった壁、幼虫の部屋との間に空洞ができているようなものまである。さらに虫こぶのいちばん外側は、トゲや毛が生えていたり、ウロコで覆われていたり、ツルツルだったりと、やはりさまざまだ。ひとつひとつの虫こぶの形や構造にどんな意味があるのかは実験的にはほとんど明らかにされていないが、この虫こぶの壁は、タマバチの幼虫を包み込み、外敵の昆虫や小動物、さらには高温や乾燥のような、昆虫にとって生きづらい環境の変化から身を守るのに役立ちそうだ。多くの昆虫たちが虫こぶをつくるようになったのには、きっとこういった理由があったのだろう。

## 雨と虫こぶ

「はぁ……」。ため息をつきながら、何日も雨が降り続く窓の外を、頬杖をついて眺めていると、昆虫学者が通りかかった。雨が降れば昆虫たちの多くは隠れてしまうので、昆虫学者の仕事もあがったりだ。「巣ごもり生活、嫌になっちゃいますね」。そんな問いかけに昆虫学者が答える。「え？　これから虫こぶ探しにいくんだけど」。そう言うと、昆虫学者はカッパを着込んで、雨が降る外へと繰り出していった。

虫こぶをつくる昆虫は、一生のうちのほとんどの時間を虫こぶの中に閉じこもって暮らす、巣ごもりの達人だ。雨が降っても、風が吹いても、虫こぶが中の昆虫を守ってくれるので、安心して巣ごもり生活を続けることができる。幸か不幸か、そのおかげで、雨が降っても一部の昆虫学者には巣ごもりする暇はないようだ。

# 第2章 昆虫学者、虫の先に虫を見る

昆虫学者はときに、目の前の昆虫を通して別の昆虫を見ているのかもしれない。

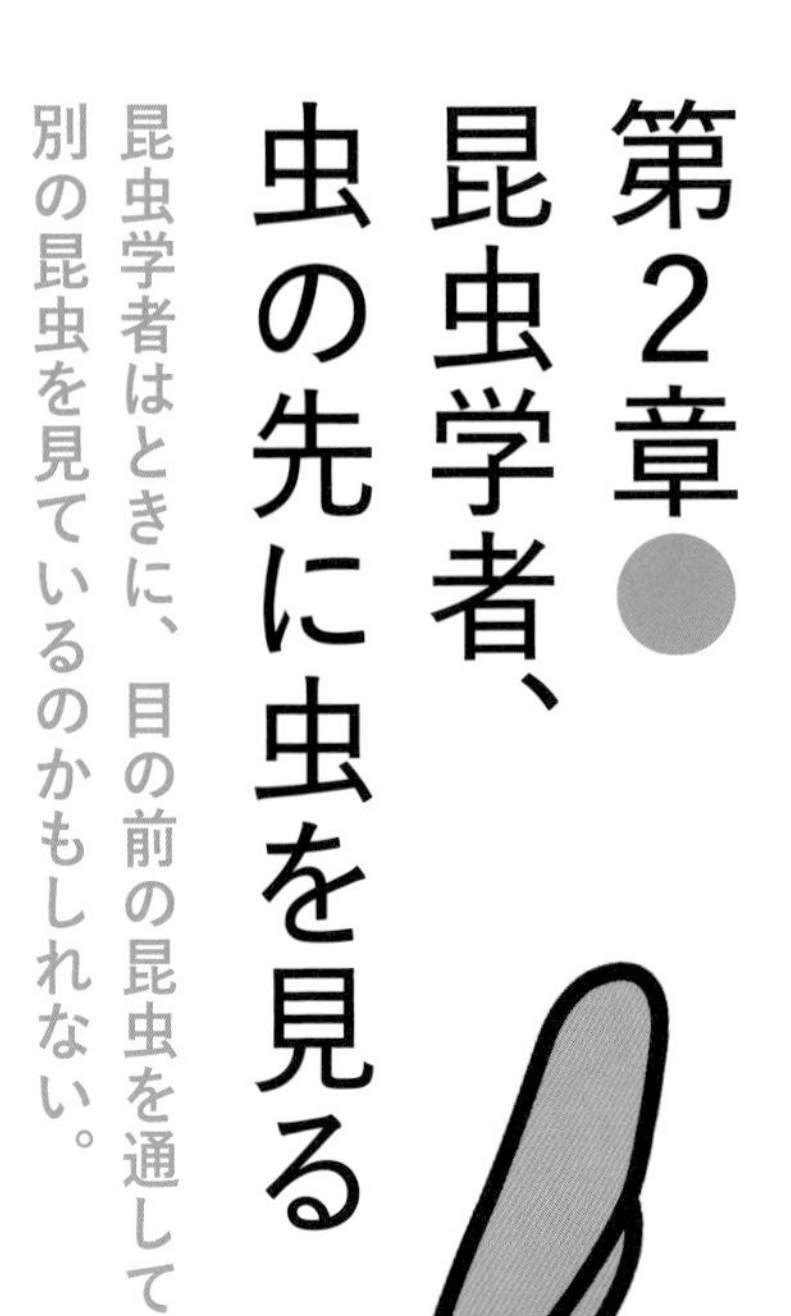

# 虫の中の虫
# モンシロチョウ

モンシロチョウ（チョウ目：シロチョウ科）

80

モンシロチョウの幼虫はいわゆるアオムシだ。キャベツの葉で簡単に飼えるため、小学校の理科の教材として使われることもある、なじみ深い昆虫である。ところが外でつかまえてきたアオムシの体の中では、なじみのない昆虫が育っていることがある……。アオムシが十分に大きく育ったころ、突然その体を突き破り、這い出てくるウジムシ。その正体は、アオムシに寄生し、その体内を食べて成長したハチやハエの幼虫だ。どうやら平和に見える昆虫たちの暮らしはそんな陰の実力者によって支配されているようだ。

**モンシロチョウの成虫**



## アオムシもハチになる?

家庭菜園の一画にあるキャベツ畑のなかで、一人の昆虫学者がしゃがみ込んで何かを探している。農薬をまかずに育てたその畑のキャベツは、どこを見ても虫食いだらけだ。アオムシをはじめ、いろいろな昆虫が隠れていて、キャベツの葉をかじって食事をしている。昆虫学者はアオムシを見つけると持参したケースに移し、次々にアオムシを採集していく。「アオムシ、何に使うんですか?」。通りがかりの学生が尋ねた。「いや、ハチをね、探してるんですよ」「虫採り網とかなくて採れるんですか?」「いや、だから、アオムシをね」。昆虫学者の言動に

穴だらけのキャベツ……



はいつも謎が満ちている。ハチを探しているのに、アオムシを集めるとは。まさか、アオムシがハチになるとでもいうのだろうか。

## キャベツ畑の嫌われもの

モンシロチョウは、日本はもとより世界中に生息する、身近なチョウの代表だ。白くて小さな羽をひらひらと羽ばたかせて、庭先を舞う姿は、多くの人に親しまれている。だが、そんな彼らが人にとって身近な存在なのは、その生態が人の暮らしと根深い関係にあるからかもしれない。

モンシロチョウの幼虫であるアオムシ

が食べるのは、アブラナ科の植物だ。アブラナ科には人の食卓にあがる野菜も多く含まれていて、黄色い花で春を彩る菜の花はもちろん、キャベツ、ダイコン、小松菜、ブロッコリー、白菜なども、モンシロチョウの大好物だ。当然、そんな野菜を育てる人にとって、アオムシは嫌われものだ。卵から生まれたばかりのアオムシは2ミリメートルほどの大きさしかなく、食べる量もほんの少しだが、脱皮をしながら3センチメートルほどまで成長すると、食べる量は数段増え、あっという間にキャベツの葉を穴だらけにしてしまう。できることなら無農薬でキャベツを育てたいと思っても、モンシロチョウがいる限り、そう簡単にはいかないのが現実だ。

## 敵か味方か？　小さなハチの暗躍

キャベツの葉の上で一匹のアオムシが動きを止め、じっとしている。いよいよさなぎになるのだろうか。だが、このあと、アオムシを待ち受けていたのは、恐ろしい運命だった。なんと、動きをとめたアオムシの体の中から、もぞもぞと、数十匹にもなるウジムシのような幼虫が、一斉に体を突き破って這い出してきたのだ。ウジムシたちはそのままアオムシの体に寄り添って、細い糸で繭（まゆ）をつくる。１週間ほどが経った

アオムシの体を突き破って這い出るアオムシサムライコマユバチの幼虫

ころ、繭の中から姿をあらわしたのは、体長3ミリメートルほどの小さなハチであった。

このハチはアオムシサムライコマユバチという名前で、寄生バチとよばれるハチの仲間だ。ハチといえば、スズメバチやアシナガバチ、ミツバチといったハチが真っ先に思い浮かぶが、じつは世界で15万種ほどが知られるハチのうち、半数以上はこの寄生バチの仲間といわれている。寄生バチは、昆虫やクモに卵を産みつけ、その幼虫は、寄生した昆虫やクモを食べて育つ。そして、ほとんどの場合、寄生された相手はハチの幼虫によって体内を食い尽くされ、死んでしまう。

寄生バチのなかには、獲物を麻痺させ、完全に動けなくしてから寄生するものと、獲物を麻痺させることなく寄生するものがいる。アオムシサムライコマユバチは後者だ。寄生された若いアオムシは、無数のアオムシサムライコマユバチの幼虫を体の中に抱えたまま成長し、十分に大きくなったところで、一気に体内を食い尽くされ、力尽きるのだ。力尽きる少し前までは、寄生などされていないかのように元気よくキャベツを食べ続けるので、突然体を突き破ってコマユバチの幼虫がはい出てくる様子は、衝撃としかいえない。

アオムシサムライコマユバチはアオムシにとっては命を脅かす恐ろしいハンターだが、人にとってはキャベツ畑の害虫となるアオムシの数を少なくしてくれる頼もしい味方となる。もちろんそん

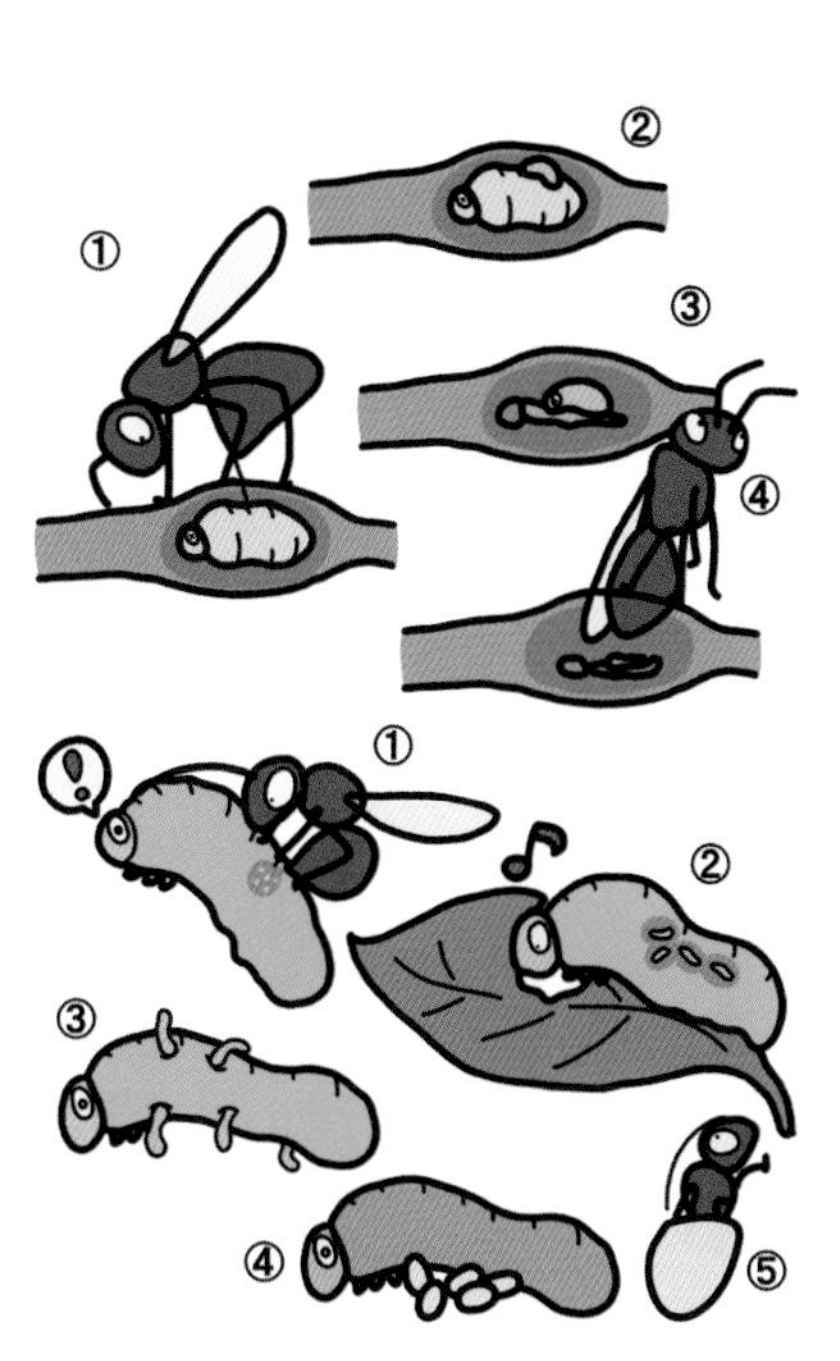

獲物を仕留めて寄生するもの（上）もいれば、生かしたまま寄生するものも（下）

なハチの手を借りずとも、殺虫剤でも被害を抑えることはできるが、殺虫剤をまくタイミングや量、薬剤の種類を考えて使わないと、アオムシが増えすぎるのを抑えてくれる味方であるはずの寄生バチの数まで減らして、結果的にアオムシが増えやすい環境となるかもしれないので悩ましいところだ。

## アオムシの新たな刺客

アオムシの命を脅かす天敵となる昆虫は、アオムシサムライコマユバチだけではない。たとえば、アシナガバチはアオムシを襲い、肉団子にして自分の幼虫のエサにする天敵として知られている。また、アオムシサムライコマユバチと同じように、アオムシに寄生することでひそかに命を脅かすものも存在する。それがヤドリバエとよばれるハエの仲間だ。

ハエというと、腐ったものや汚いものに集まる、ちょっといやな虫というイメージが強い。だが、ヤドリバエの仲間は、寄生バチと同じように、他の昆虫などに寄生し、体内を食い尽くして命を奪うハンターとしての性格をもつ、ちょっとカッコいいハエだ。寄生バチのように毒で獲物の身動きを封じてから産卵することはなく、狙った獲

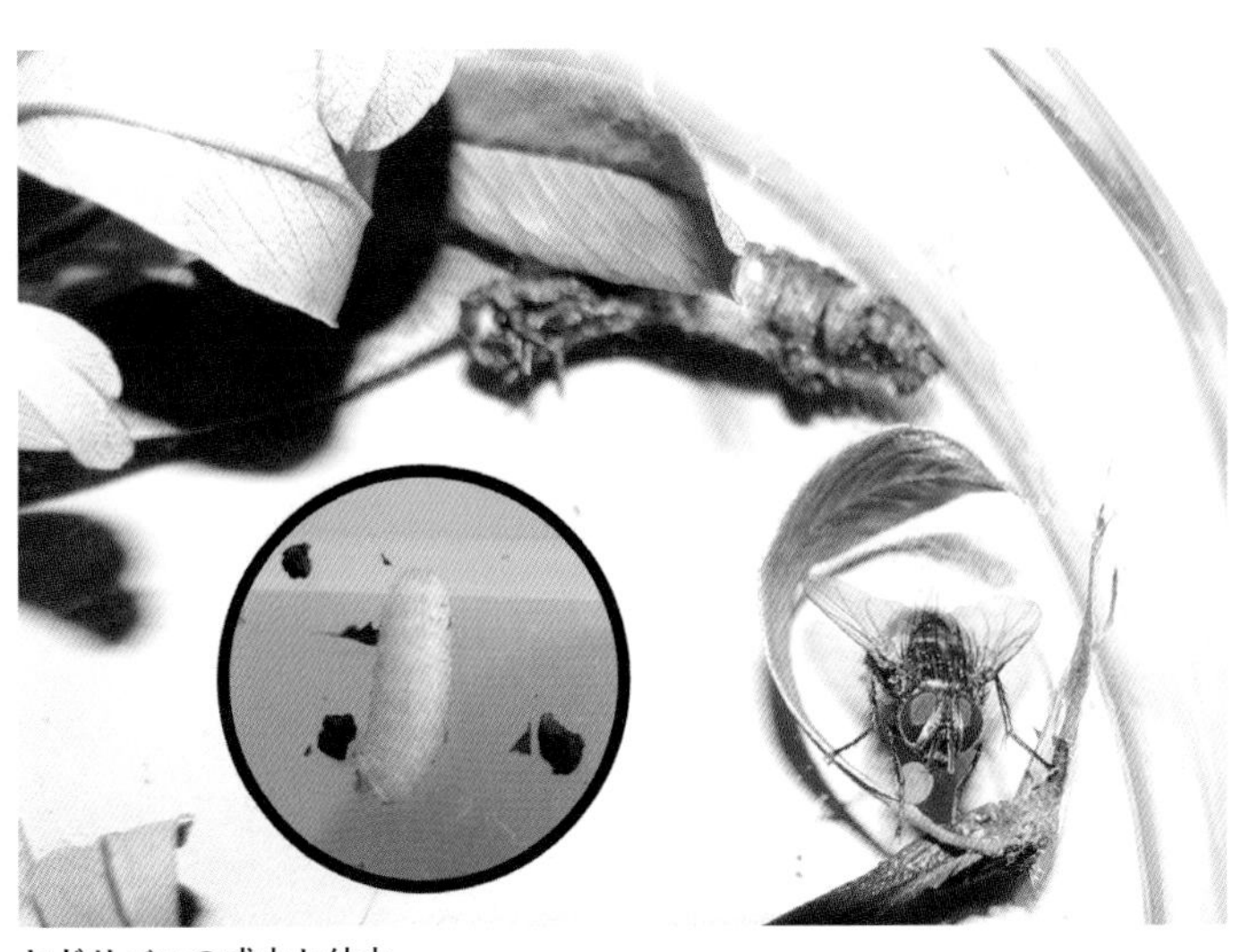

ヤドリバエの成虫と幼虫



物に俊敏に近づいて卵を産みつける。これに加えて、ヤドリバエには、寄生バチにはない恐るべき戦法で、寄生をおこなうものたちが知られている。ひとつは狙った獲物の生息場所に卵を産み、卵からかえった幼虫がその獲物を見つけ出すか、待ち伏せして寄生するもの、そしてもうひとつは、非常に小さな卵を、獲物の昆虫が食べそうな植物にあらかじめ産みつけておくことで、獲物がその植物を食べたときに一緒に卵を飲み込ませ、寄生するというものだ。たとえ室内で虫かごの中で大事に育てられたアオムシでも、エサのキャベツに後者のようなヤドリバエの卵がついていたら一巻の終わりとなる。

直接卵を産みつけたり、小さな卵をばらまいたり



ヤドリバエに寄生されたアオムシは、アオムシサムライコマユバチに寄生されたときと同じように、しばらくは何事もなかったように成長を続ける。だが、やがて動かなくなり、しおれたアオムシの体を突き破って、ヤドリバエの幼虫が這い出てくるのだ。ある日飼っていたアオムシの横に卵型の殻が転がっていたら、アオムシのことはあきらめるしかない。それはアオムシの体から這い出てきたヤドリバエの幼虫が成虫になるためにつくった、囲蛹（いよう）とよばれる繭のようなものだ。

## キャベツの敵とその天敵

キャベツ畑の嫌われものは、アオムシ

だけではなさそうだ。ヨトウガの幼虫、ヨトウムシもそのひとつで、昼間は目立たないところに隠れていて、夜のあいだにキャベツなどの葉をかじっている。その幼虫の性質から「夜盗蛾」という名前がついているわけだ。アオムシと違って、アブラナ科以外にも、キク科のレタスやナス科のトマト、セリ科のニンジンにウリ科のキュウリなど、いろいろな野菜を食べるし、アオムシより体もやや大きい分だけよく食べるので、むしろアオムシどころではない嫌われようかもしれない。畑の作物を守るためにも、天敵の寄生バチの力をぜひ借りたいところだが、昼行性の寄生バチではヨトウムシを見つけるのは難しい。だが、夜には夜の寄生バチがいる。アメバチとよばれる寄生バチの仲間には夜行性のものが多く、夜に動き出すヨトウムシを狙って寄生するものがいるそうだ。

アオムシやヨトウムシのように体は大きくないが、コナガというガもキャベツ畑の嫌われものだ。コナガの幼虫は、大きくなっても1センチメートルほどにしかならない。そんな小さな幼虫ですら、寄生バチの魔の手から逃れることはできないようで、コナガサムライコマユバチなど、コナガの幼虫を狙う寄生バチは数多く知られている。また、同じく体の小さなアブラムシは、アオムシ、ヨトウムシ、コナガの幼虫とは違

夜行性の種類も知られるアメバチ

って、いわゆるイモムシではないが、やはりアブラバチという寄生バチに寄生される。体が小さいくらいではもはや、天敵から逃れることはできないのだ。

## 寄生者から逃れろ

夜に活動しようが、体を小さくしようが、昆虫たちが寄生者から逃れるのは簡単ではないらしい。あとは、とにかく寄生者が近づかないような場所を探すしかない。たとえば、水の中はどうだろう。水の中に卵を産めば、さすがの寄生者もやってはこれまい。だが、その考えは甘かったようだ。幼虫の時期をヤゴとして水の中で暮らすトンボのような昆虫や、

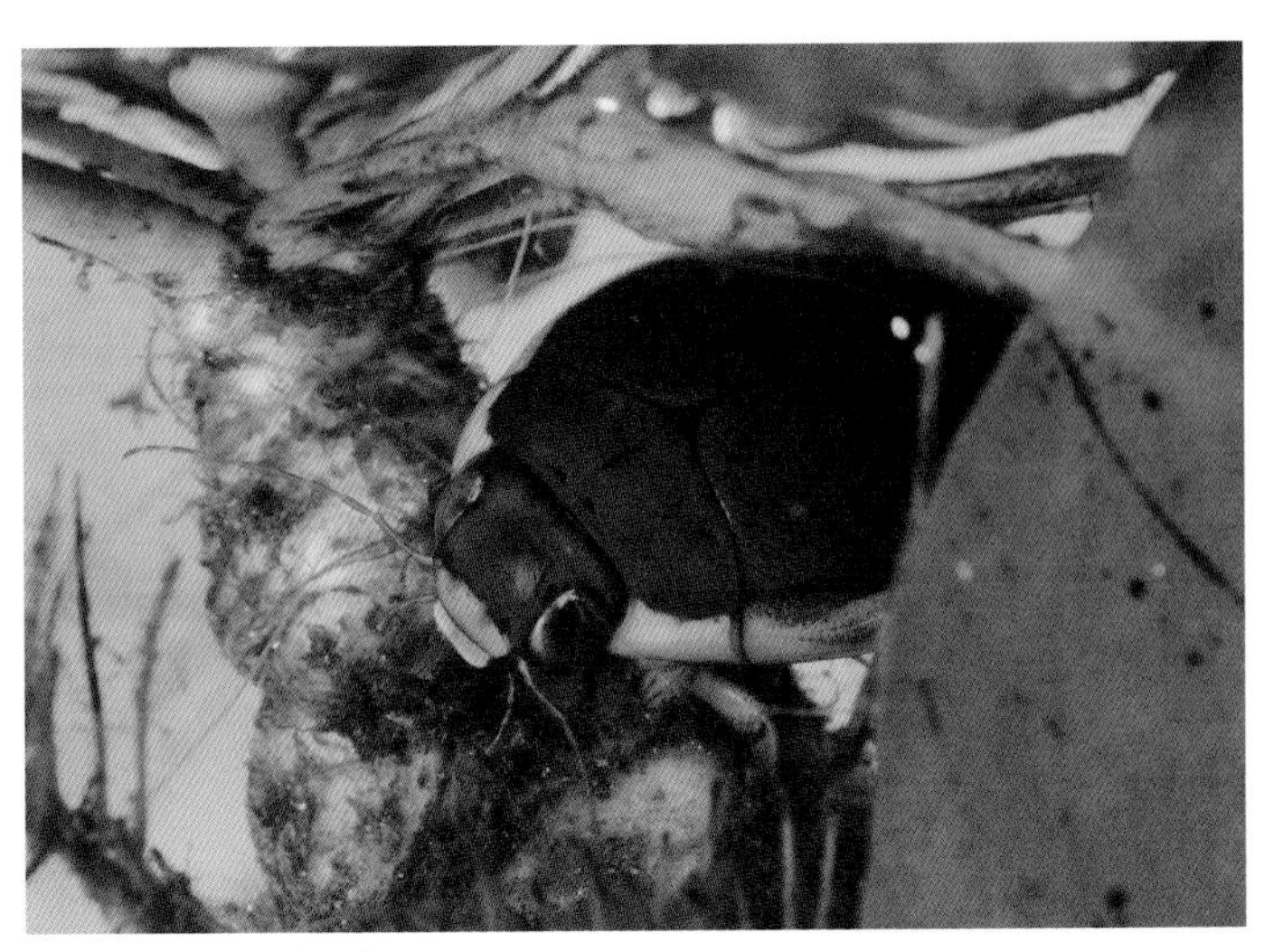
**水の中で暮らすゲンゴロウ**



幼虫も成虫も水の中で暮らすゲンゴロウのような水生昆虫の仲間は、水の中に卵を産む。だが、この水の中に産みつけられた卵に寄生する寄生バチが知られているのだ。タマゴコバチとよばれる体長1ミリメートルにも満たない小さな寄生バチの仲間には、水の中に泳いで潜り、この卵に産卵するものがいるし、ミズバチとよばれるハチは、歩いて水の中に入り、水の中に巣をつくるトビケラという昆虫に寄生することが知られている。

水の中はだめだ。それなら、卵から成虫になるまで、安全なシェルターの中に隠れたらどうだろうか。木質化した硬い壁で覆われた、虫こぶの中なら、寄生バ

**タマバチの虫こぶを突き通す長い産卵管をもったオナガコバチ**



チもさすがに近づけないのではないか。

だが残念ながら、虫こぶの中も安全とは言い切れないようだ。複雑で分厚い壁の構造を発達させたタマバエやタマバチの虫こぶであっても、必ずといっていいほど寄生バチによって寄生がなされており、野外の虫こぶを採集してきても、その中から出てくるのは、タマバエやタマバチではなく、寄生バチというのがほとんどだ。防壁が完全にできあがる前の形成途中の虫こぶが狙われることもあるが、完全に構造ができあがったような虫こぶでも寄生バチに襲われることがある。オナガコバチという寄生バチは、自分の体よりも長い産卵管をもっていて、これを虫

**オオモンツチバチはコガネムシの幼虫に寄生する**



こぶに突き通すことで、分厚い虫こぶの壁の中に守られた幼虫であっても卵を産みつけてしまう。虫こぶの中はおろか、木の中に潜むカミキリムシの幼虫や、葉っぱの中に潜むハモグリバエの幼虫などでも寄生バチの寄生を受ける。何かの内側に隠れた程度では寄生バチからは逃れられない。

こうなったら、土の中ならどうか。ここもまた、寄生者から逃れるのは難しいことが多いようだ。ヤドリバエの仲間は寄生したい相手が潜んでいそうな土の周辺に産卵し、幼虫が土の中の獲物を見つけ出して寄生することがある。また、ツチバチというハチの仲間は、土の中で育

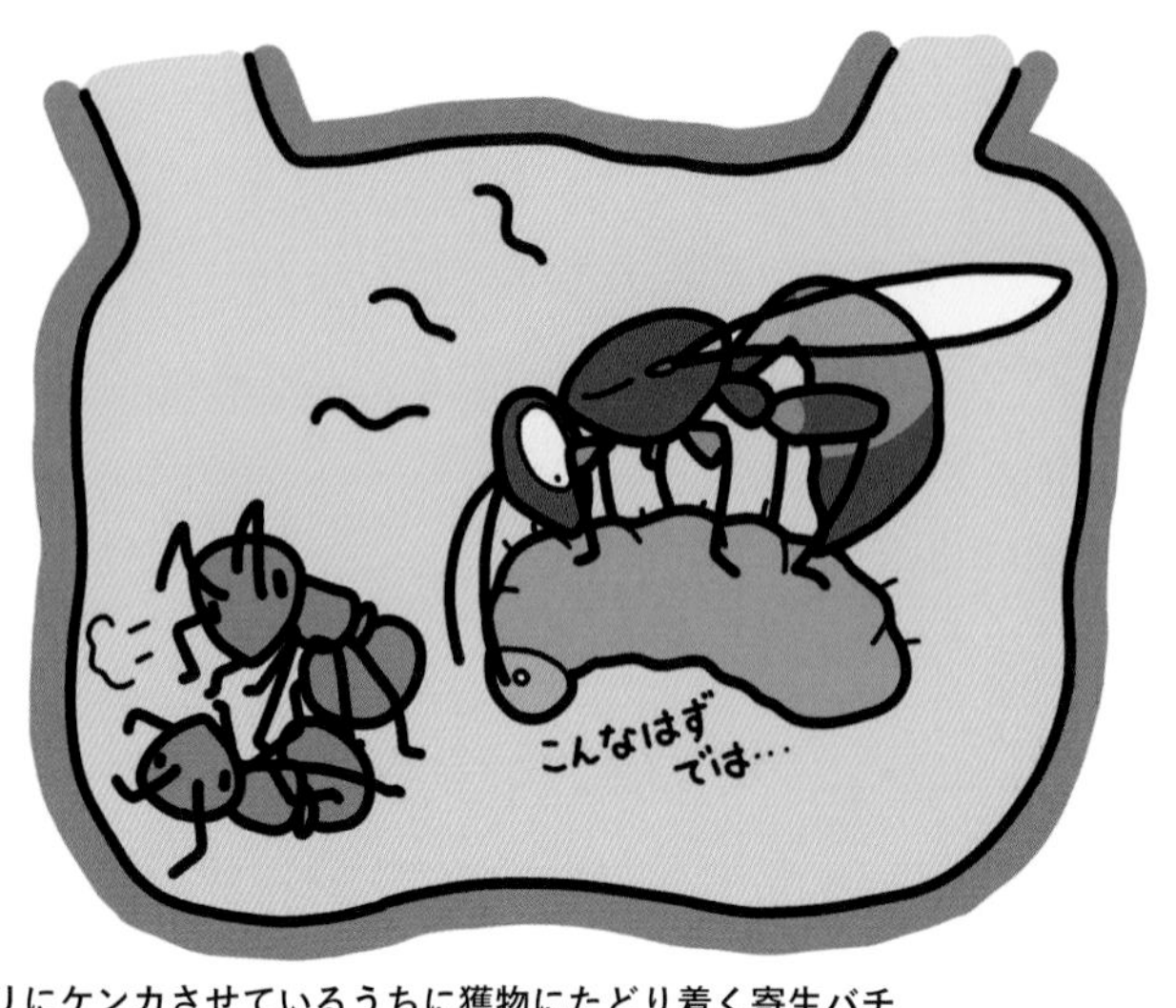

アリにケンカさせているうちに獲物にたどり着く寄生バチ



つコガネムシの幼虫を見つけ出して寄生する。

土の中は土の中でも、アリの巣の中なら大丈夫だろうか。シジミチョウのなかには、アリのにおいを体にまとうことで、アリの巣の中で暮らすものがいる。ヨーロッパに生息する「マウンテン・アルコン・ブルー（アルコンゴマシジミ）」という名前のシジミチョウもそのひとつだ。地中のアリの巣の中で、たくさんのアリに囲まれ、守られているこの幼虫なら、アリにバレて襲われることはあっても、寄生バチの攻撃はおよばないはずではないか。しかし、その考えも甘かった。寄生バチの仲間のエウメルスヒメバチは、シジミチョウが住んでいるアリの巣を探し当てると、その巣の中に入っていく。もちろんそのまま入っていけばアリの反撃を受けてしまうので、この寄生バチは巣に入るや否や、特殊な香りを出す。すると、この香りをかいだアリは、混乱し、仲間のアリ同士でケンカを始めてしまう。そのスキに無防備となったシジミチョウの幼虫に近寄り、寄生するのだ。

## キャベツの救世主

どこに逃げても隠れても、寄生バチやヤドリバエの寄生から逃れることは簡単ではないようだ。とはいえ、小さな寄生者たちにとって、広大な世界で寄生相手を見つけ出すのは大変な仕事だ。目で見て探すだけではそう簡単に獲物にたどり着けそうにない。だが、人もそうであるように、寄生バチやヤドリバエも、見つけ出したいものが近くに見当たらないときには、音やにおい、経験などを総動員して、目的のものを見つけ出す。

コオロギやキリギリス、セミなどに寄生するヤドリバエの仲間では、鳴き声を手掛かりに寄生相手を見つけ出すものが知られている。これらの昆虫が鳴くのはオスがメスを呼び寄せるためで、鳴いているのはすべてオスだ。いくらメスを呼び寄せるためとはいえ、ずっと鳴き続けているのはヤドリバエに場所を教え続けているようなもので、そんなことをするとすぐに見つかってしまう。なので、ヤドリバエがたくさん生息しているところに住んでいるコオロギやキリギリスは、一度鳴きやんでから次に鳴き始めるまでの間隔が、ヤドリバエが少ないところに住んでいるものより、少し長めになっていることがあるそうだ。そうすることで、ヤドリバエに見つかりにくくしているのかもしれない。

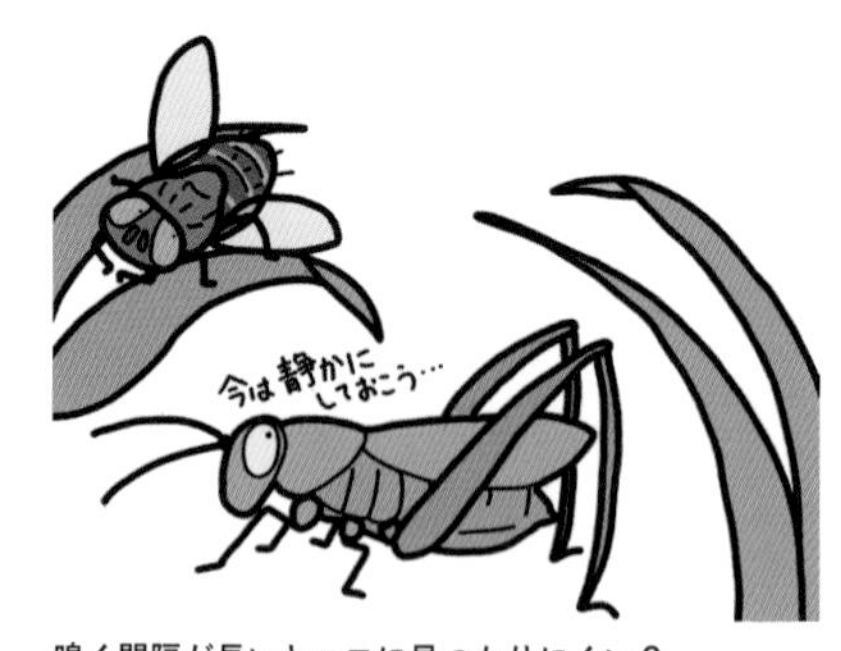

鳴く間隔が長いとハエに見つかりにくい？

鳴く虫なら鳴き声を頼りに探し出すことができるかもしれないが、多くの虫は大きな声で鳴くようなことはない。そこで、多くの寄生者にとって、寄生相手を見つけ出す重要な手がかりとなるのが、香りだ。たとえばアオムシサムライコマユバチの場合はどうだろう。広いキャベツ畑に潜むアオムシを見つけ出すには、目で見たり、音を聞いたりしただけでは難しそうだ。このときアオムシサムライコマユバチが手掛かりとするのは、キャベツから出る香りだ。アオムシがキャベツをかじると、キャベツから特有の香りが立ちのぼる。すると、その香りを嗅ぎつけて、アオムシサムライコマユバチがやってくるのだ。しかも、このキャベツから出る香りは、アオムシがかじったときとコナガの幼虫がかじったときでは違う香りになるという。コナガの幼虫がかじったときに出る香りを嗅ぎつけると、アオムシを寄生相手とするアオムシサムライコマユバチではなく、コナガの幼虫を寄生相手とするコナガサムライコマユバチが駆けつけてくれるようだ。これなら、どんな昆虫に襲われてもキャベツは安心だ。

## 虫の中の宝石

寄生バチやヤドリバエといった寄生者たちは、チョウやガの幼虫をはじめ、さまざまな昆虫を獲物としている。寄生を成功させるため、特定の種類の獲物だけを狙えるように、体のつくりや機能を特化しているものも多いが、どんな昆虫にどのように寄生するのか、生態がいまだにわかっていないものも数多い。そんな寄生者たちの生態を知りたいなら、寄生者が寄生する獲物を採集するのがいちばんの近道だ。

サクラの木の下で昆虫学者が何かを探している。よく見ると、木の幹にウズラの卵

宝石のように体が輝くセイボウ



を小さくしたような繭が貼りついており、昆虫学者はそれを集めているようだ。「それなーに?」。通りがかりの子どもが制止する母をよそ目に尋ねる。「あ、これね、イラガっていうガの繭だよ」「え〜、ガなの。なんで集めてるの?」「いや、ガを集めてるんじゃなくてね、この中に宝石が入ってるんだよ」。イラガといえば、幼虫が毒針をもった毒虫だ。そんな虫を宝石にたとえるとは、よほどこの虫が好きなのだろうか。

だが、昆虫学者が見ていたものはイラガではなかった。ある日、イラガの繭から姿を現したのは、ガにはとても見えない青緑色に輝く昆虫であった。セイボウ(青蜂)というこのハチこそ、あの昆虫学者が探していた宝石だったようだ。

# あやつり人形
# スズメバチ

オオスズメバチ（ハチ目：スズメバチ科）



スズメバチの仲間は、女王バチとその子どもである働きバチが集まって大家族で暮らす。働きバチはエサを集めたり、巣の管理をしたりと、せわしなく働くが、なかには働かないものがいるようだ。だが働かないスズメバチは必ずしも怠けたくて働いていないわけではないのかもしれない……。よく見ると、うつろな瞳をした働かない働きバチの体には、何かがとりついているようだ。昆虫たちの世界に目を向けるとほかにも、うつろな瞳で不思議な行動をしているものたちが目に入ってくる。ふだん目にする昆虫が、自分の意志で活動しているとは限らない。

## 突然の来訪者

高校の教室にスズメバチが飛び込んできた。どこからともなく虫採り網を取り出した生物教師は、恐れることなくさっと網を一振りしてスズメバチをその中に収めた。細い筒形のプラスチックケースをポケットから取り出すと、そこにスズメバチを誘導し、蓋をする。おとなしくなったスズメバチをおもむろに観察する教師からは「ついてないか」のひとこと。スズメバチの恐怖から我に返った生徒が尋ねる。「何がついてないんですか?」「ああ、ほら。入ってきたのコガタスズメバチだったろ。コガタスズメバチだったらたまについてんだよ、ネジレバネ。さっ、授業に戻るぞ」。何のことやらわからず、あっけにとられる生徒たち。あの瞬時に、スズメバチの種類を見分けたのだろうか、そしてねじればねとは? そんな生徒たちをしり目に、教師は窓を開け、スズメバチを優しくリリースした。

## 殺人バチといわれ

スズメバチの仲間は、ユーラシアから北アメリカにいたるまで広く生息している。そのなかでも、たくさんの種類のスズメバチの仲間が見られるのが日本を含むアジア

**東南アジアのオオスズメバチ（日本のものより体が黒い）**

で、世界最大のスズメバチであるオオスズメバチもこの地域に生息している。日本には、このオオスズメバチのほか、コガタスズメバチやキイロスズメバチ、モンスズメバチ、ヒメスズメバチなどが森林や公園などで暮らしている。

なかでもオオスズメバチは体長5センチメートルにもなる巨大なハチで、大あごの力や毒針の毒の量なども他のスズメバチを上回る最強のスズメバチとして知られ、その大きさと攻撃性の高さから、「殺人バチ」として恐れられている。実際、日本における野生生物による死者数は、クマや毒ヘビなどによるものより、スズメバチによるもののほうが圧倒的に

**ツマグロスズメバチの巣**



多いとされている。オオスズメバチが殺人バチとよばれる理由だ。もちろんスズメバチ被害のすべてがオオスズメバチによるものというわけではないのだが、その姿が人に与える恐怖は他のスズメバチに比べてもはるかに大きいようだ。

スズメバチの仲間は、女王バチのもとで、その子どもである働きバチたちが巨大な集団となって暮らしている。スズメバチの種類によっては、最大1000匹を超すような巨大な集団となるものもあるが、そんな大集団も、たった一匹で冬を越した女王バチが、小さな巣をつくるところから始まる。強力な毒針をもったスズメバチだが、もちろん無敵というわけではない。鳥に襲われることもあるし、オニヤンマやオオカマキリのような肉食昆虫に襲われることもある。巣づくりを始めたばかりの無防備なスズメバチの女王は、油断すると簡単に命を落としてしまう。その難を逃れた女王バチだけが、つくった小さな巣に卵を産みつけ、卵からかえった幼虫に、捕らえた昆虫でつくった肉団子をせっせと与え、子どもを育てる。やがて子どもが幼虫から成虫になると、子どもは働きバチとして働き始める。巣の掃除や増築、幼虫の世話、エサ探しなどを代わりにやってくれるので、女王バチは卵を産むことに専念できる。こうして巣での暮らしが落ち着き始めると、どんどん働きバチの数が増え、ようやくひとつの大家族である立派な巣ができあがる。

大集団となった巣では、たくさんの働きバチたちと幼虫のエサを確保するだけでも大変だ。また、大きくなった巣は、そのぶん外敵にも見つかりやすくなるので、周囲への警戒も怠ることができない。エサの確保や巣の防衛に神経質になったスズメバチは、大切なエサ場や巣を守るためか、ときに狂暴になり、巣を襲おうとしたものだけでなく、近くを通りかかっただけの人間すら攻撃する。攻撃される人にしてみれば、巣に手を出したわけでもないのに襲われるのは何とも理不尽に感じてしまいそうだが、

**アブラゼミを狩るモンスズメバチ**

それほど神経質にならないと生きていけない厳しい世界でスズメバチたちは暮らしているということなのだろう。人は殺人バチといってスズメバチを過度に恐れるのではなく、スズメバチの生態を知ったうえで正しく恐れ、そのような不幸な事故を回避するように努めるしかなさそうだ。

スズメバチの多くは、大きな巣を維持するためにたくさんの昆虫などを捕らえるので、強力な捕食者として、森や林の生態系のバランスをとる重要な役割を担っている。人にとっては恐怖の対象であるスズメバチも、もし森や林からいなくなったら、生態系のバランスが崩れ、森や林の様子が一変してしまう可能性だってある。スズメバチの働きバチはふつう、冬を越すことはなく、秋の終わりには大家族は崩壊し、巣はもぬけの殻となってしまう。そう考えれば、もしも人とスズメバチが互いに安全な距離を保てるようなら、怖がって駆除する必要だってないのかもしれない。

## 働きたくない女王バチ

世界最大のスズメバチであるオオスズメバチは、多くのエサを確保するために、同じハチの仲間であるアシナガバチ、ミツバチだけでなく、より体の小さいキイロスズメバチやモンスズメバチ、コガタスズメバチといったスズメバチの幼虫を狙って、その巣を襲うこともある。反撃は受けるが、うまくいけば巣の中の大量の幼虫がエサとして手に入るからだ。

キイロスズメバチやモンスズメバチの巣を狙っているのは、じつはオオスズメバチだけではない。赤茶色の体が特徴的なチャイロスズメバチもそうだ。といっても、オオスズメバチのように、巣から幼虫をエサとして奪うのが目的ではない。チャイロスズメバチの女王が巣を襲う目的は「巣の乗っ取り」だ。まだそれほど集団が大きくなっていないキイロスズメバチやモンスズメバチの巣に飛来したチャイロスズメバチの女王は、その巣のもともとの女王を殺し、その女王になりすまし、自分の卵をその巣に産みつける。女王が入れ替わったと知らないキイロスズメバチやモンスズメバチの働きバチたちは、その卵からかえった幼虫にエサを与え、かいがいしく育てる。大切に育ててもその幼虫はチャイロスズメバチの働きバチだ。やがてチャイロスズメバチの働きバチによって巣全体の乗っ取りが完了する。こうすることで、チャイロスズメバチの女王は、本来は女王バチ一匹でおこなわなければならない最初の巣づくりや子育ての手間を省くことができるわけだ。

オオスズメバチやキイロスズメバチより小型で、「蜂の子」として幼虫が食用にされることもあるスズメバチに、クロスズメバチとよばれるハチたちがいる。そのうちの一種、ツヤクロスズメバチの巣は、同じクロスズメバチの仲間であるヤドリクロスズメバチによって狙われることがある。ヤドリクロスズメバチの女王は、チャイロスズメバチの女王が巣を乗っ取るときと同じように、ツヤクロスズメバチの巣に侵入すると、その女王を殺し、自分の卵を巣に産みつけ、ツヤクロ

巣を乗っ取られたキイロスズメバチはチャイロスズメバチの子どもを育てる

**クロスズメバチの仲間のキオビクロスズメバチ**



スズメバチの働きバチにその子の世話をさせるのだ。チャイロスズメバチの女王と違って、そこから生まれてくるのはヤドリクロスズメバチの新しい女王とオスのハチで、巣全体が乗っ取られることはないが、女王を失ったツヤクロスズメバチの巣はやがて崩壊することになる。クロスズメバチの仲間では巣の乗っ取りが流行(はや)っているのか、クロスズメバチの仲間のヤドリホオナガスズメバチも、他のクロスズメバチの巣を乗っ取るらしい。ただし乗っ取るのは、シロオビホオナガスズメバチという、また別の種類のクロスズメバチだ。

女王バチを殺して巣を奪ったとしても、

その子どもである働きバチたちを従えるのは簡単ではないのか、チャイロスズメバチはキイロスズメバチやコガタスズメバチ、ヤドリクロスズメバチはツヤクロスズメバチ、ヤドリホオナガスズメバチはシロオビホオナガスズメバチといったように、決まったハチの巣を乗っ取る関係が見られる。

## あやつられるスズメバチ

チャイロスズメバチなどによる巣の乗っ取りは「労働寄生」とよばれる。巣づくりや子育てといった労働を別のスズメバチの働きバチにおこなわせている、つまり、相手の労働力に寄生しているためだ。昆虫を含め、さまざまな生き物にはこういった寄生が見られる。たとえば鳥の仲間のカッコウでは、他の種類の鳥の巣に近づき、卵を自分のものと入れ替え、子育てさせる「托卵（たくらん）」が知られていて、これも労働寄生のひとつだ。托卵された鳥は、その事実を知ってか知らずか、裏からあやつられたかのように、寄生したカッコウのためにせっせと働く。

労働寄生も困ったものだが、じつは寄生によって寄生した相手をあやつる現象は、労働寄生だけで見られるわけではない。むしろ寄生バチやヤドリバエのように、相手の体に直接寄生する生き物では、より明確に、寄生した相手の動きをあやつるものがいるようなのだ。

コガタスズメバチには、「ネジレバネ」という、めずらしい昆虫の仲間が寄生していることがある。ネジレバネの仲間は、他の昆虫に寄生して暮らしていて、オスの成虫はねじれたような羽をもっていて飛び回ることができるが、メスは成虫になっても足や羽がなく、動き回ることがない。もしコガタスズメバチにネジレバネが寄生していたら、腹部の節と節のつなぎ目から、ネジレバネのメスの体が少し見えているような状態が観察できる。足も羽もないネジレバネのメスは、死ぬまでこの状態で過ごすしかないため、オスはメスのにおいなどを頼りに、この状態のメスを飛び回って探すようだ。

スズメバチの働きバチはふつう、冬を越すことなく死んでしまう。それはコガタスズメバチも同じだ。そうすると、せっかくスズメバチに寄生しても、冬を迎えるころには、ネジレバネはスズメバチと死の運命を共にすることになる。そうならないために、ネジレバネは寄生したスズメバチをあやつるようなのだ。あやつられたスズメバチはエサを集めにいくことも、巣の管理をすることもしない。そうやって温存したエ

コガタスズメバチに寄生したメスのネジレバネと、オスのネジレバネ



ネルギーで、働きバチであるにもかかわらず、女王バチと同じように冬を越すのだ。スズメバチへのネジレバネの寄生は、樹液が出ている木のようなスズメバチのエサ場など、スズメバチが集まるところで、メスの成虫から生み出されたネジレバネの幼虫が新たなスズメバチへ乗り移ることで起こるといわれている。ネジレバネによってあやつられ、冬を越したスズメバチが、再びそのようなところへ集まることで、ネジレバネは次の世代へ命をつなぐことができるのだ。

寄生者が寄生した相手をあやつる恐怖の現象は、想像しているよりずっと身近でも起きている。有名なものはカマキリやキリギリス、コオロギなどに寄生するハリガネムシという寄生虫だ。ハリガネムシはムシとはついているが昆虫とはまったくちがった、ひものような形をした生き物で、水の中で主に暮らしている。ハリガネムシの子どもは水生昆虫の幼虫に食べられることで、その体内に寄生する。そして、寄生された水生昆虫が成虫となって陸上に進出し、カマキリやキリギリス、コオロギといった昆虫に食べられることで、ハリガネムシはそれらの昆虫に乗り移る。ハリガネムシは寄生した昆虫の体内で成長するが、卵を産むには再び水の中に戻らなければならない。そこでハリガネムシは、自ら進んで水の中に飛び込むよう、寄生した昆虫の体をあやつるのだ。

寄生バチにも寄生した相手をあやつるものが報告されている。たとえば、シャクトリムシ（シャクガというガの仲間の幼虫）に寄生するコマユバチの例がある。寄生したシャクトリムシの体内から脱出したコマユバチの幼虫は、そのそばで繭をつくるのだが、コマユバチの繭に近づくものがいると、あやつられたシャクトリムシが頭を振り回して追い払うというのだ。また、クモに寄生する寄生バチでは、寄生したクモをあやつり、さなぎになるための丈夫な部屋をクモの糸を使ってつくらせるという話もある。英語でクリプト・キーパー（墓守）と名づけられた寄生バチは、虫こぶをつくるタマバチに寄生する。この寄生バチに寄生されたタマバチは、成虫となって虫こぶから外に出るために穴を開け、顔をのぞかせたところで、頭で穴をふさぐようになぜか動きを止めてしまう。寄生バチが自力で堅い虫こぶに穴を開けて外に出るのは大変だが、タマバチの頭を食い破るのは簡単だ。寄生バチは、頭で蓋をして守ってくれたタマバチを食い尽くして成虫となったあと、頭を食い破って、難なく虫こぶの外に出ることができるのだ。

昆虫をあやつるのは昆虫だけではない。たとえば、カビの仲間にも昆虫をあやつるものがいる。バッタ類に寄生するエントモファガというカビの仲間の場合、寄生されたバッタは、死ぬ直前にススキなどの背の高い植物の先端へと登っていき、そこに抱きついて硬く

寄生した相手をあやつる寄生バチ

**エントモファガに寄生されて死んだバッタ**



なり、死んでしまう。こうなると、バッタが死んでカラカラに乾いても、植物からそう簡単に落ちることはない。こうすることで、高い位置からバッタの体内のカビの胞子を遠くに飛ばしやすくしているようなのだ。

ほかには、冬虫夏草とよばれるカビの仲間であるアリタケの例もある。アリタケはその名前の通りアリに寄生するが、寄生されたアリは、しばらくの間、ただただうろつき回って暮らしたのち、植物に登って茎などにかみつき、そのまま死んでしまう。そして、アリから伸びた冬虫夏草は胞子を飛ばすのだ。

そもそも昆虫たちの脳は小さく、その

活動も意志に基づいているのではなく、本能と学習に基づいていると考えるべきものなのだが、どうもそこには、昆虫をあやつる別の生き物たちの暗躍が思ったよりも関わっているようだ。

## ゾンビとなった昆虫学者……？

人にも多くの寄生虫が存在するが、幸い今のところ、人の行動が寄生虫や病原体によってあやつられているということは証明されていないようだ。だが昆虫学者の行動は、本当にあやつられていないのだろうか。「あっ、待って。虫入れるケースあるから」「あれ？　今飛んでたのってヒメスズメバチ？」「この前、旅行に行ったんだけど、そこの宿でいい虫が採れて……」。虫取り道具を常備して、虫がいたらどこからともなく網を取り出し、常備したケースに捕獲する。外を歩けば、その目は虫ばかりを追っている。口を開けば虫の話。もはや昆虫学者は昆虫に取り憑かれ、行動をあやつられてしまっているといっても過言ではないのかもしれない。

# 便利な乗り物
# カミキリムシ

**ゴマダラカミキリ**
**（コウチュウ目：カミキリムシ科）**



カミキリムシは木の中で成虫になると、穴をあけて抜け出し、空を飛んで、新たな木へとたどり着く。羽をもたず、自分では長い距離を移動できない小さな生き物にとって、そんなカミキリムシは新しい生息地に移動するための、絶好の乗り物になることがある。じつは昆虫の体を乗り物にしている小さな生き物たちは思ったよりも多い。昆虫のなかには、そういった生き物を乗せるための場所をわざわざ確保しているものもいる。どうやら、昆虫たちは単に便利な乗り物として使われているだけではなく、ときにはそんな小さな生き物を利用して暮らしていることがあるようだ。

## いい虫、いらん虫

とある日。フィールド調査から帰った見習い昆虫学者は、調査の際に一緒に採集された昆虫たちを、手土産にと机の上に広げた。ケースの中で足をばたつかせる昆虫たちを見て、周りの昆虫学者たちも集まってくる。「ああ、これはいい虫かな」。そう言ってつまみあげられるカミキリムシ。「こっちはいらんかな」。見た目にはあまり変わらない昆虫のラインナップだが、何かを基準に必要なものとそうでないものを判断しているようだ。「あ、その虫、終わったらこっちに回してよ。それいいのが乗っているから」。どうやらこの昆虫学者たちの目は、目の前の昆虫を、何かが入っている入れ物として見ているようだ。

## 樹木の中に潜る

カミキリムシの一種、ゴマダラカミキリは、長い触角と、どっしりとした体つき、黒い背中に白い斑点を散りばめた模様で、一度見たら忘れられない昆虫のひとつだ。カミキリムシの幼虫はふつう、木の中に潜り、内部をかじってエサとしている。ゴマダラカミキリの場合は、ヤナギやクワ、イチジクなどの木のほか、ミカンの仲間など

木に穴をあけて脱出するカミキリムシ



が利用されている。日本のカミキリムシのなかで最大級の大きさを誇るシロスジカミキリは、ヤナギやナラ類のほか、クリの木などで幼虫が育つ。カミキリムシの幼虫が木の内側を食べると、空洞ができて木が折れやすくなったり、枯れたりするので、どちらのカミキリムシもミカンやクリを栽培する農家としては厄介な存在ではあるのだが、体も大きく身近にも生息するので、目につきやすい昆虫だ。

樹木の中に潜る昆虫はカミキリムシ以外にもたくさん知られている。たとえば、鮮やかな緑色に輝く体をもつタマムシも、その幼虫は木の中で暮らしている。キクイムシという、いかにも木を食べていそうな名前の昆虫たちもいる。カミキリムシ、タマムシ、キクイムシは、カブトムシやクワガタムシと同じ、コウチュウの仲間だが、ハチの仲間にも幼虫の間を木の中で過ごすものがいる。たとえば、キバチというハチがそうだ。また、木の内部を食べる昆虫といえば、シロアリも思い浮かびそうだ。シロアリに近い存在である、ゴキブリの仲間にも、木の中を生活の場とするキゴキブリなどが知られている。

木の中で暮らしているといっても、硬い木材を食べ、すべて消化して、栄養にしているとは限らないようだ。木材はセルロースといった食物繊維などでできている。カミキリムシやタマムシの幼虫は、木に穿孔（せんこう）し、木材を食べてはいるが、食物繊維はふつう消化できず、木材の中に含まれる糖やデンプンなどから栄養を得ているという。また、キバチや一部のキクイムシの仲間は、木材の中で繁殖したカビの仲間を消化することで栄養を得ているらしい。一方、シロアリやキゴキブリはこのような食物繊維を消化・吸収し、栄養を得ていることが知られている。といっても、これらの昆虫がこういった食物繊維を溶かす強力な消化液をもっているのではない。それを可能としているのは、腸の中に住む原生動物やバクテリアといった微生物だ。これらの微生物が、飲み込まれた食物繊維を消化できる成分に分解することで初めて、シロアリやキ

タマムシの幼虫はエノキなどの木の中で暮らす

幼虫が木の中で暮らすキバチ

ゴキブリは栄養を得ることができるようだ。実際、人工的に腸内の微生物を除去したシロアリは、食物繊維を分解できないためか、エサの木材を与えてもすぐに死んでしまうという。

## 虫に乗ったムシ

人の腸内にも多くの微生物が住み着いている。乳酸菌飲料が好んで飲まれる今、これは誰もが知っての通りで、シロアリやキゴキブリの腸内に微生物が住んでいると聞いても、さほど驚くことではないだろう。では、目に見えないような微生物より、もう少しだけ大きな生き物たちにも、昆虫に「乗っかって」暮らしているものたちがいるといえばどうだろうか。

外で見つけたクワガタムシをよく見ると、体の表面が白く粉吹いたようになっていることがある。顔をもっと近づけて見ると、その粉は動いているかもしれない。動いているとしたら、それはクワガタムシの体の上で暮らしているダニの可能性が高い。ダニといえば、野山に入った人の服の中にいつの間にか侵入し、血を吸う厄介者というイメージが強いが、あれは数あるダニのなかでも、マダニとよばれるダニの仲間で

**昆虫の体に乗ったコナダニ**



あって、ダニにはほかにもさまざまな生態をもったものが存在している。クワガタムシの体表にいるダニは、コナダニというダニの仲間で、クワガタナカセとよばれている。クワガタムシの種ごとに違った種類のコナダニがついていて、その多くはクワガタムシの体表のごみやカビなどを食べて暮らしているらしい。

クワガタムシには、センチュウ（線虫）という小さな生き物の仲間が乗っかっていることもある。こちらはダニのように体の外についているのが見えるわけではないが、クワガタムシを解剖して体内を調べてみると見つかることがある。センチュウは名前の通り、ミミズのよう

**ノコギリクワガタはセンチュウの乗り物？**



な線型の細長い体をしている生き物で、クワガタムシなどの昆虫の体内に限らず、土壌や水中、クジラの腸内からマナティの背中の苔(こけ)の上まで、地球上のいたるところに生息している。じつは地球上でいちばん種類が多いのではともささやかれる生き物だ。

このように、昆虫に乗っかって暮らしている生き物には、昆虫に取りついてその昆虫から栄養を得ているものや、文字通りただ乗っかっているだけのものたちがいる。専門的には前者を「寄生」、後者を「便乗」といって、言葉を使い分けている。寄生が、寄生された昆虫にとって厄介であることは容易に想像がつくだろう。一方、便乗は、植物でいうと、「くっつき虫」として知られるオナモミのタネが、あのトゲトゲした針のような構造によって、人をはじめとする動物にくっつき、運ばれるといったことに似ているかもしれない。山歩きをしてズボンや靴紐に絡みついたあのタネを取り除く手間を思い出すと、取りつかれるほうも精神的苦痛はありそうだが、くっつかれたからといって死ぬわけではない。いずれにしても、単に乗っかっているだけのように見える生き物たちも、乗っかっている昆虫と複雑な関係を築いていたりするようだ。

## 大切なダニ

ハチの仲間の体にも、コナダニの仲間が乗っかっていることがある。このダニはハチから体液を吸ったりすることはないようだが、たどり着いたハチの巣の中で、幼虫のエサとして集められた花粉のおこぼれを食べたり、ハチの幼虫に取りついて体液を吸ったりすることがあるようだ。ハチにとっては厄介者のように見えるが、なかには体の一部がポケット状にくぼみ、このダニが体に取りつきやすいようになっているハチも見つかっている。あたかもダニを飼っているように見えるこのポケットは、アクアリウムならぬ「アカリナリウム」とよばれている。アカリナリウムのアカリは、ダニの仲間のことを学術的にアカリ（Acari：ダニ亜綱）とよぶことにちなんでいる。わざわざダニを飼っているように見えるものの、せっかく集めた花粉を食べられたり、幼虫が体液を吸われたりするのは、どう考えてもハチにとってはマイナスのはずで、ハチがダニを飼う理由など見当たらなさそうだ。

なぜ一部のハチがアカリナリウムをもっているのかは長年の謎とされていたが、ドロバチというハチの仲間の一種のアトボシキタドロバチで、その理由の一端が明らかにされた。それは、ハチがダニをボディガードとして雇っているというものだ。

アトボシキタドロバチのアカリナリウムに取りついているダニは、このハチの巣の中に入り込み、このハチの幼虫の体液を吸って暮らしている。もちろんこれはハチにとってはマイナスだ。だが、このハチの幼虫を狙うのは、そんなちょっと血を吸うだけのダニばか

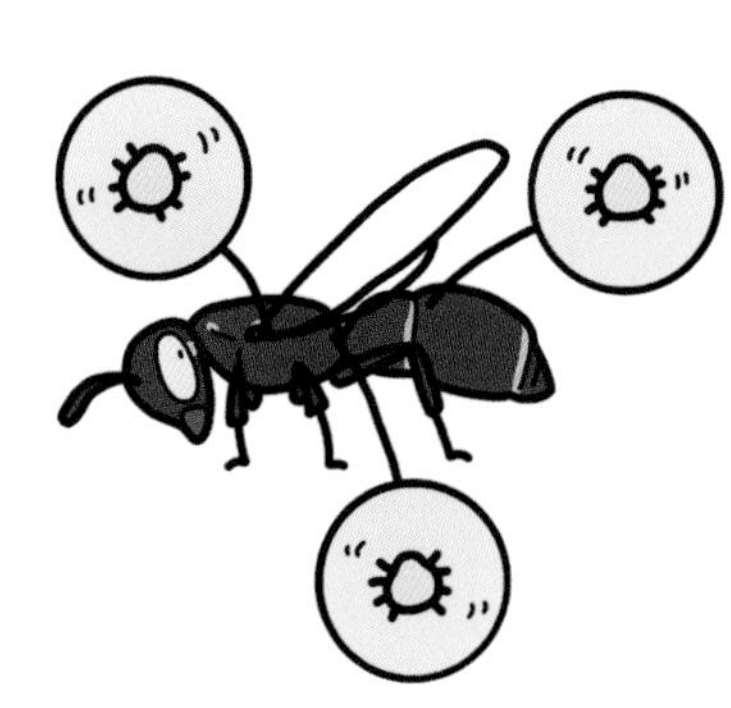

ダニを宿すアトボシキタドロバチの「アカリナリウム」

りではない。最大の敵は、アトボシキタドロバチの幼虫がさなぎになるころを狙ってやってくる寄生バチだ。ひとたび寄生バチに寄生されてしまえば、体は食い尽くされ、子どもの命はない。ここで活躍するのが、大切にしてきたダニたちだ。寄生バチがアトボシキタドロバチのさなぎを狙って巣に侵入すると、ダニたちは集団となってこの寄生バチを攻撃し、撃退してくれるというのだ。これならたしかに、ダニを引き連れておいて損はなさそうだ。アカリナリウムの謎はまだまだ残っているが、アカリナリウムをもつハチたちはダニと何らかの持ちつ持たれつの関係を築いているということだろう。

## たどり着いた先で大暴れ

昆虫に乗っかっているのは、ダニやセンチュウのような動物だけではない。いわゆるカビである菌類もそのひとつだ。しかも、ダニを体にまとうためのアカリナリウムのように、昆虫のなかには菌類をため込むためにできたかのような器官をもっているものが知られている。その「マイカンギア」とよばれる器官をもっている代表的な昆虫が、木の中に潜る昆虫のひとつ、キクイムシだ。キクイムシの仲間のうち、マイカンギアで菌を養っているように見える仲間は、養菌性キクイムシとよばれている。

カシノナガキクイムシはそんな養菌性キクイムシのひとつだ。ナラ類やカシ類、シイ類といったドングリの木に潜り込む習性をもつこのキクイムシでは、マイカンギアがあるのはメスの体で、ナラ菌とよばれる菌が詰まっている。メスが卵を産むために木の中に潜り込むとき、マイカンギアからナラ菌の胞子が木の内部に放たれ、木の中でナラ菌が増殖する。

これで終わりなら、キクイムシがマイカンギアをもっている理由は謎となるところだが、卵から幼虫がかえったあとを調べるとその理由がわかる。カシノナガキクイムシの幼虫はこのナラ菌をエサにしているのだ。

つまり、ナラ菌はカシノナガキクイムシによって運ばれ、分布を拡大することができ、カシノナガキクイムシはナラ菌を食べることで育つことができる、という持ちつ持たれつの関係が生まれているのだ。

一方、このナラ菌は生きた木をむしばみながら増殖

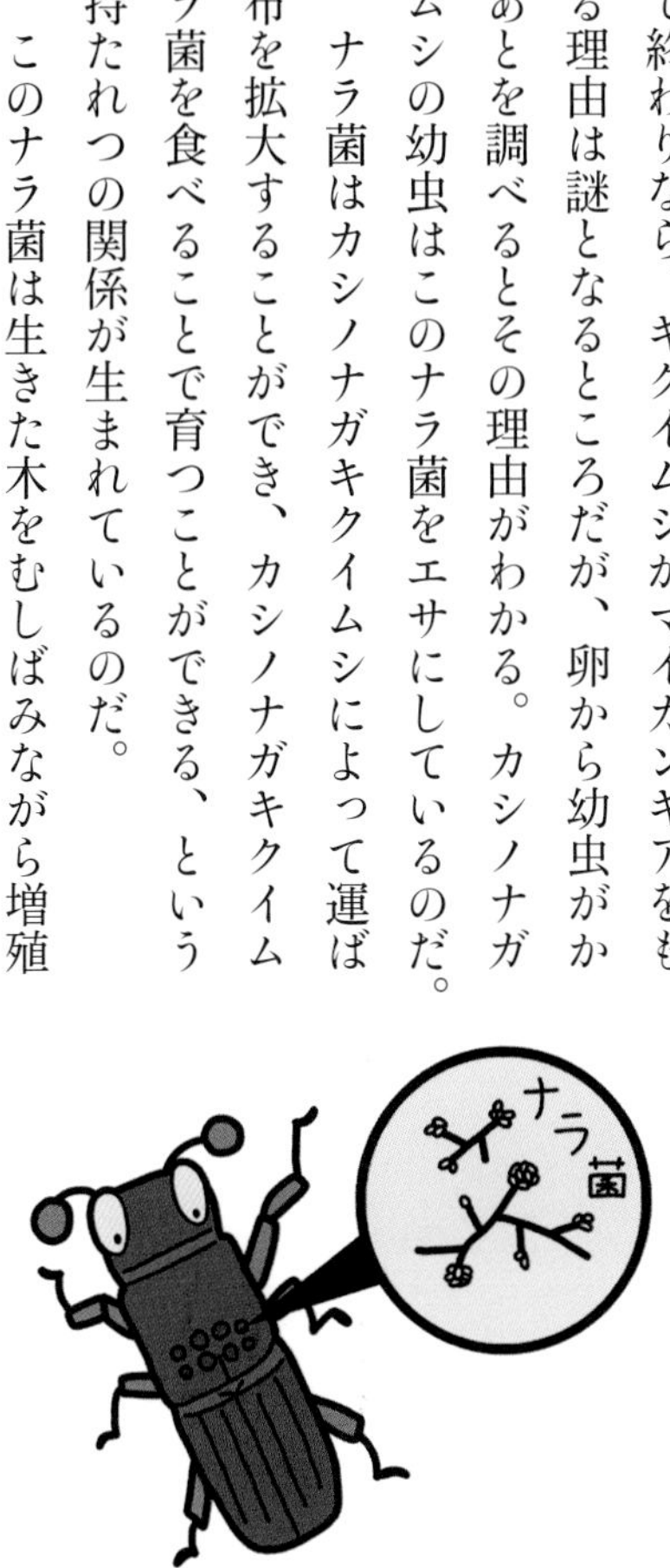

**ナラ菌を宿すカシノナガキクイムシの「マイカンギア」**

枯れたカシワの木の根元にはキクイムシが出した大量の粉が降り積もる



するので、木にとっては困った存在だ。ときに一本の木に大量に押し寄せたカシノナガキクイムシによってナラ菌が埋め込まれ、その木が枯れてしまう「ナラ枯れ」とよばれる現象が起こることもある。

昆虫とその昆虫に乗っかった生き物が大きな影響をもたらすことは他にもある。ナラ枯れならぬ「マツ枯れ」という、マツ類の枯死を引き起こす要因として知られているのが、マツノマダラカミキリというカミキリムシだ。このカミキリの体内にはマツノザイセンチュウというセンチュウが乗り込んでいることがある。このセンチュウはマツノマダラカミキリに運ばれることでマツに到達し、カミキリがかじったところからマツ内に侵入する。そして、そのセンチュウの影響でマツが枯れてしまうのだ。枯れたマツはマツノマダラカミキリにとっては卵を産みつけるのにぴったりになるので、ここにもちょうどいい関係が生まれているようだ。

ちなみにダニのアカリナリウム、菌のマイカンギアと続いて、その「センチュウ」バージョンはないのかという声が聞こえてきそうなところだが、やはりそれはあって、「ネマタンギア」とよばれている。マイカンギアは菌を意味するマイコ（myco）、ネマタンギアはセンチュウを意味するネマトーダ（nematode）に由来する。いずれにしても、多くの昆虫には小さな生き物が乗り込んでいて、多かれ少なかれその昆虫の暮らしに影響を与えているようだ。

## 乗っかるものに乗っかるもの

フィールドから帰ってきた見習い昆虫学者は、今日も今日とて、採集した昆虫を机の上に広げた。そのうちのヒラタクワガタには白い粉のようなものがこびりついている。クワガタナカセだ。「あ、クワガタナカセついてますよ。見ますか？」。声を聞いてやってきたのは、菌に詳しい昆虫学者だ。「これね。いい菌がつくんだよ」「クワガタにもなんか珍しい菌がつくんですか？」「いやいや、こっち」。そう言って顕微鏡をのぞいて示したのはクワガタではなく、クワガタに乗っかったクワガタナカセだ。なんと、クワガタに乗っかって暮らしているクワガタナカセの体表だけで見られる菌がいるらしい。いったい一匹の昆虫にどれだけの生き物が頼って生きているのか、虫の中の生き物を探っていくと、果てしなく広い世界が広がっていそうだ。

# 第3章● 昆虫学者、ミクロの目で見る

顕微鏡で昆虫を見つめる昆虫学者の横顔は、
まるで宝物でも見ているかのように輝いている。

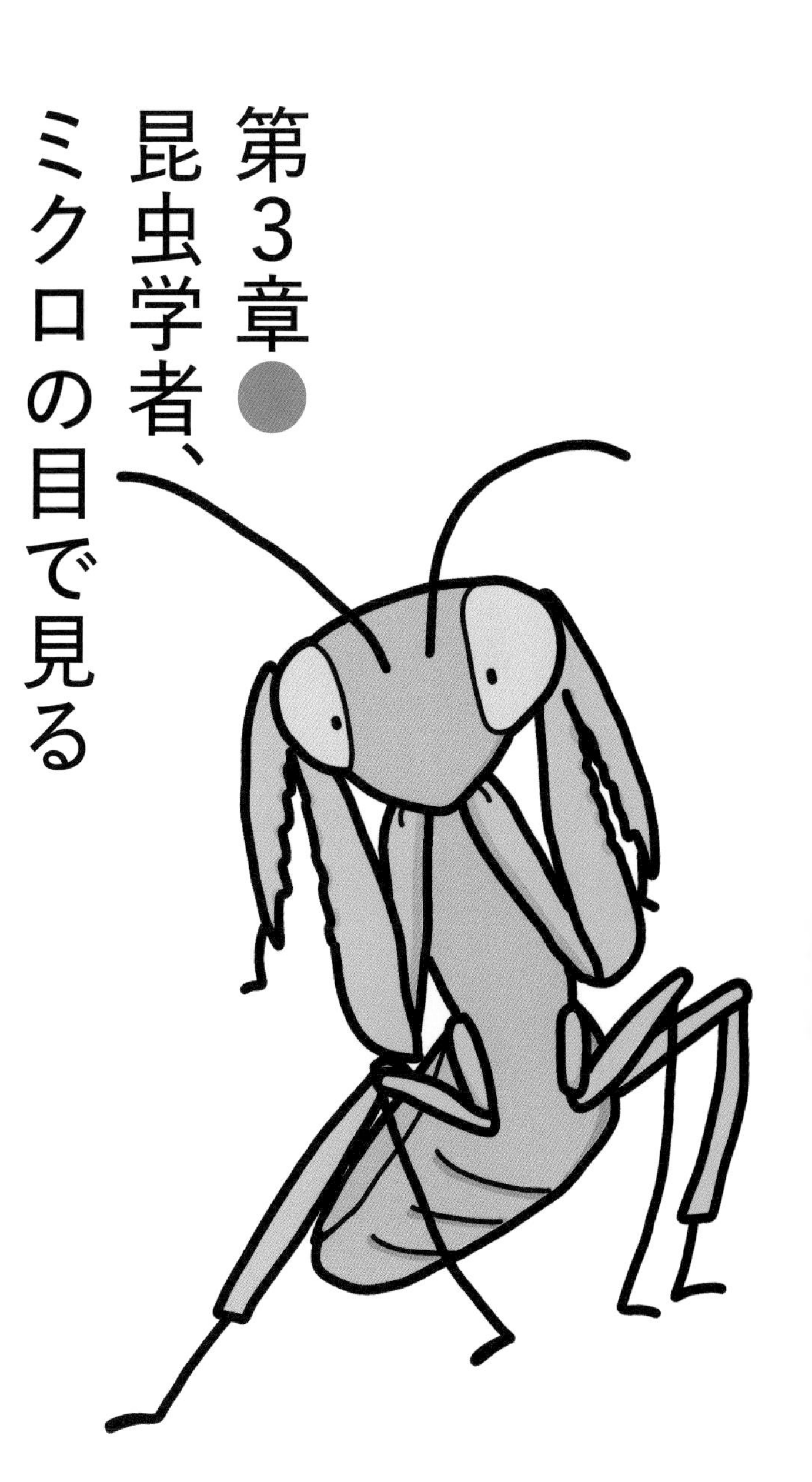

# 価値ある体毛
# ミツバチ

セイヨウミツバチ（ハチ目：ミツバチ科）



花壇の周りをせわしなく飛び交うミツバチ。花から花へと移りながら、子育てのために花の蜜や花粉を集めて飛び回るその姿は、いかにも「働きバチ」といった具合だ。その体はふさふさの毛で覆われていて温かそうだ。体の毛を顕微鏡でよく見てみると、一本一本の毛が細かく枝分かれしているのがわかる。一方、足を見ると、ブラシ状の硬そうな毛が生えている部分や、毛がほとんどなくてツルツルした部分がある。じつはこれらには、花粉を集めるための役割があるのだ。昆虫たちは思ったよりも毛深く、その体毛には隠れた機能があるらしい。

## キューティクル

冬の日。机に向かって、ボサボサの髪の毛をいじりながら頭を抱えるハナバチ学者のたまご。昆虫学者といえども、いつもフィールドで昆虫と向き合っているわけにはいかない。研究室でのデスクワークも必要だ。行き詰まったデスクワークに難しい顔をしていた昆虫学者のたまごは、いじっているうちに抜けた一本の髪の毛を机の上に見つけた。「あっ。枝毛になってる！」。そうつぶやくと、その髪の毛を拾い上げ、嬉々としてどこかへ出かけていった。「さすがにミツバチほどじゃなかった……」。1、2時間後、部屋に戻ってきたたまごは、そういって、またデスクワークへと帰っていった。髪の枝毛とミツバチのあいだに何の関係があるというのか。

## ミツバチの仕事

ミツバチといっても、いくつかの種類がいる。学問上でいうところのミツバチは、オオミツバチの仲間、ミツバチの仲間、コミツバチの仲間に分けられ、全部で9種が知られている。オオミツバチとコミツバチの仲間は東南アジアなどで見られるミツバチで、その名の通り、オオミツバチは体が大きく、コミツバチは小さい。

**オオミツバチ（左）とコミツバチ（右）**

日本で見られるのは、オオミツバチでもコミツバチでもないミツバチの仲間で、セイヨウミツバチとニホンミツバチという種類だ。もっとも、セイヨウミツバチはもとから日本にいたのではなく、ハチミツの生産を目的にヨーロッパなどから人が連れ込んだもので、日本にもとからいるのはニホンミツバチだけだ。ちなみにニホンミツバチは、学問上はトウヨウミツバチという、アジアに広く分布するミツバチの亜種にあたるので、日本にいるのは種としてはトウヨウミツバチということになる。

ミツバチの巣にはたくさんのハチが住んでいる。一匹の女王バチと無数の働きバチ、そして少しのオスバチだ。働きバチはすべてメスで、巣を大きくしたり直したり、生まれてくる女王バチの子ども（働きバチからすれば妹）の世話をしたりと、目まぐるしく働いている。なかでも重要な仕事のひとつは、花の蜜や花粉を集めてくる仕事だ。花の蜜は働きバチや女王バチが活動するためのエネルギー源として、花粉は幼虫のエサとして欠かせないからだ。しかし、働きバチは小さなその体でどうやってそんなものを巣まで運んでいるのだろう。きっと働きバチの体のつくりには、それを可能にする秘密があるに違いない。

## 甘い胃袋

まずは花の蜜を運ぶ仕組みを見てみよう。ミツバチの口の部分を顕微鏡で下からのぞいてみると、がっしりと太い大あごと、その裏に収納された長い舌のような口を見つけることができる。花の蜜はふつう、花の奥深くにあるため、チョウがもっているようなストロー状の口がないと簡単には吸い出すことができないが、ミツバチはこの舌のような口を使って上手に花の蜜を吸い出せるようだ。

ただ、吸い出して自分のエサにしているだけでは、巣に花の蜜を届けることはできない。体のどこかに袋でももっていれば運ぶこともできるだろうが、そんなものは飛

ミツバチの口の部分を下からのぞくと……



んでいる働きバチを見ていても見当たらない。だが、働きバチは袋をもっている。それは胃袋だ。花の蜜をため込むための胃袋なので、蜜胃(みつい)とよばれている。働きバチはこの体の中にある袋に花の蜜をため込み、巣へと持ち帰るのだ。

巣に持ち帰られた花の蜜は、そのままエサとして利用されるわけではない。働きバチは、蜜胃から吐き戻した花の蜜を巣の中の貯蔵室に蓄える。そして、水分を飛ばし、濃縮された甘い蜜、いわゆるハチミツをつくり上げる。これが貴重なエネルギー源として役立てられているのだ。ちなみに、ただ花の蜜を集めて濃縮するだけではハチミツにはならない。花の蜜がハチミツになるには、働きバチの蜜胃の中に一度取り込まれ、ハチの体の中の酵素と混ざることが必要らしい。まさにハチミツは、手間ひまかけてミツバチがつくりあげた産物というわけだ。濃密なハチミツは腐りにくく、ハチたちにとっては貴重な保存食である。それを人がもらうのだから、ミツバチに感謝せずにはいられない。

## ボサボサの毛とブラシ

では、花粉はどうやって運ぶのだろう。花畑を飛んでいる働きバチを再び見ていると、後ろ足の外側に黄色やオレンジの団子のようなものをつけて飛び回っている働きバチを見つけた。これは花粉団子とよばれる花粉を押し固めたもので、幼虫のエサとして使われているものだ。だが、花粉はふつう、名前の通り粉状で、団子のように固まってはいない。花粉がこの花粉団子になって運ばれるまでにはやはり秘密がありそうだ。

働きバチの体を顕微鏡でのぞいてみると、体のほとんどの部分をボサボサの毛が覆っている。すべてのハチがこんなふうに体が毛で覆われているわけではない。たとえば、スズメバチやアシナガバチの仲間は、毛は生えていてもここまでぎっしりではな

後ろ足で花粉団子を運ぶ

ミツバチの毛は枝毛のよう

い。このボサボサの毛、じつは花粉を集めるのに役立っている。働きバチは花の中に潜り込んで花粉を集めるが、粉状の花粉をひとつひとつ集めて団子にしていたのでは埒が明かない。そこで、まずこの体の毛に花粉をまとうことで、手早く花粉を集めるのだ。体の毛をよく見ると一本一本が細かく枝状になっており、いかにも花粉がくっつきやすそうだ。ミツバチがボサボサ、ふわふわに見えるのは、この枝状の毛が全体を覆っているためだ。

といっても、体の毛に花粉がついただけでは団子をつくれない。足を上手に使って団子をこねる必要がある。足の内側にはブラシのように毛が生えており、これで体をブラッシングすることで、花粉を足に集める。前足で集めた花粉は中足の内側で挟んで引き抜くことで、中足のブラシに集められ、さらにそれを後ろ足の内側に挟んで引き抜くことで、後ろ足の内側のブラシに花粉が集められる。

だが、このままではまだ花粉は団子ではなく、まだ後ろ足の内側についているだけだ。働きバチの後ろ足の外側、つまり花粉団子がついていた部分をのぞいてみると、意外なことにその部分はツルツルで、ほとんど毛が生えていない。代わりに、縁の部分に、長く少しカールした毛が、ツルツルした面を取り囲むように生えている。さら

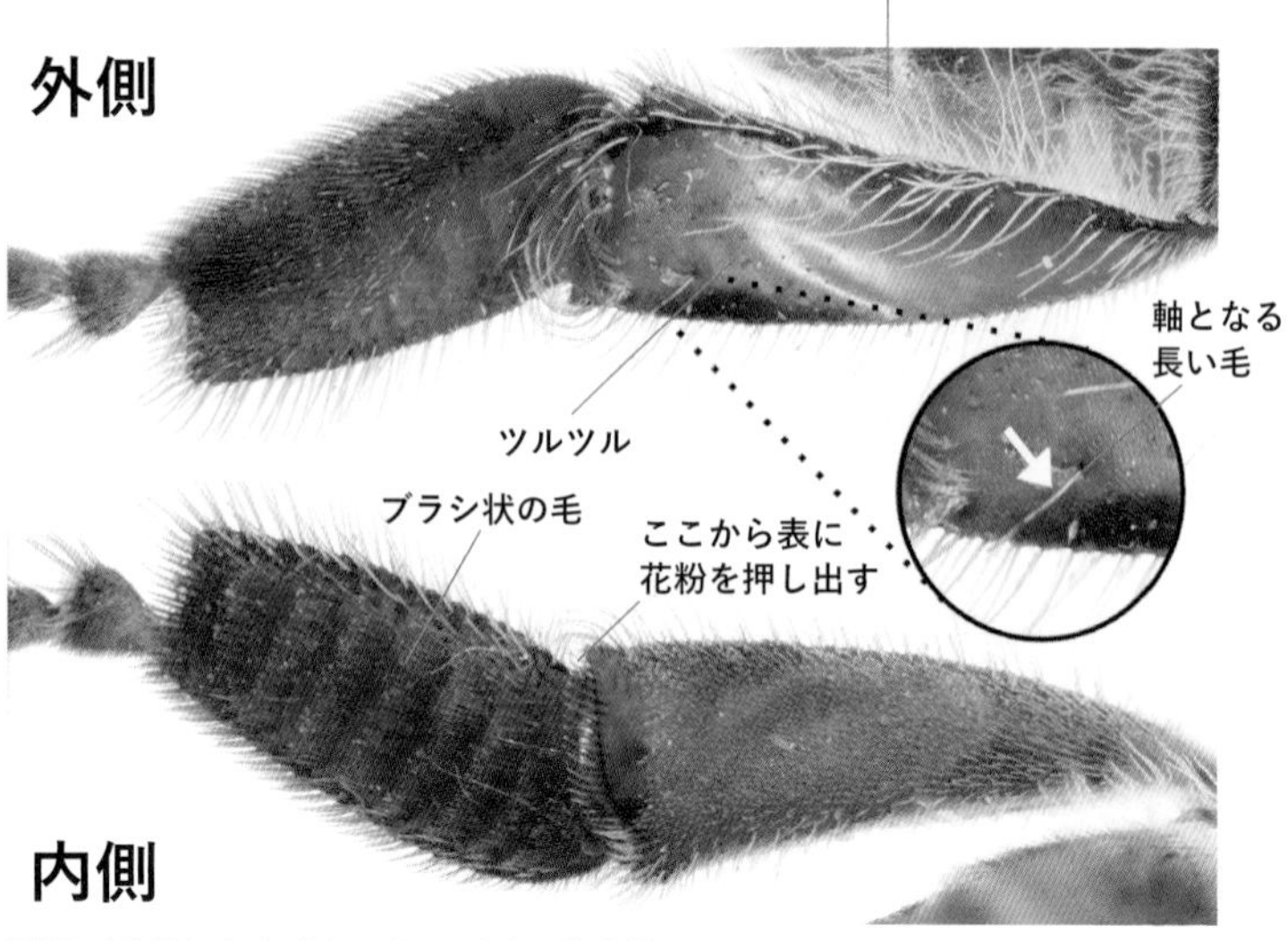

団子づくりに欠かせないミツバチの後ろ足



に、よく見るとツルツルの部分は少しくぼんでいて、一本の長い毛が生えている。

後ろ足の内側のブラシに集めた花粉を団子にするため、働きバチは後ろ足の内側をもう片方の後ろ足の関節の隙間に生えたブラシにこすりつける。そうすると、その隙間から花粉が反対側の足の外側のツルツルした部分に押し出されていき、一本の長い毛を軸に団子状にまとまっていくのだ。さらに、花粉だけでは団子としてまとめてもすぐに崩れてしまうので、胃にためた花の蜜を吐き出して、中足を使って後ろ足の団子へと運び、これをつなぎに使って形を整えるこだわりぶりだ。これを繰り返し、立派でおいしそうな花粉団子ができあがる。後ろ足は幅広で平たく、大きな花粉団子を運ぶのにもぴったりだ。縁の長い毛も花粉団子を支えてくれる。

花粉団子を運ぶつなぎである蜜を集めるためには舌状の口と蜜胃は欠かせないし、ボサボサの体の毛は団子粉である花粉を集めるのに欠かせない。足の内側のブラシや後ろ足の関節の隙間に生えたブラシは、粉を振るい集めるのに欠かせない。幅広く平たい後ろ足のツルツルした部分は、大きな花粉団子をこね上げ、巣へと運ぶカゴとして欠かせない。ミツバチの体を顕微鏡でのぞいてみると、花粉団子をつくるために体のつくりがよく工夫されていることが見えてきた。

## もふもふの毛

ミツバチを含め、花の蜜や花粉を集めるハチたちをまとめてハナバチとよぶ。ミツバチと並んでよく知られているハナバチの仲間にマルハナバチがいる。ミツバチよりさらにぎっしりともふもふとした毛で覆われており、あたかも毛皮のコートでも着こんでいるかのようで温かそうだ。実際、マルハナバチは比較的寒い地域に多く見られるハチの仲間で、日本では15種のマルハナバチが知られ、そのうちの11種は北海道に生息している。

マルハナバチは、まだ肌寒く、他のハチたちもあまり活動していない早春から活動を始める。そのため、その時期に咲く花にとっては、タネをつくるために花粉を運んでくれる貴重なパートナーとなっている。もちろん毛に覆われているだけでは体は温まらない。マルハナバチは体の筋肉を細かく振るわせることで体をすばやく温めることができ、体にまとった長い毛はその熱を逃がさないようにする役割があるようだ。実際、寒い地域のマルハナバチの種類は、暖かい地域のマルハナバチより長い毛をまとっている傾向があるそうだ。マルハナバチに限らず、寒い時期に活動するガの仲間も、長くてもふもふとした毛をまとっているものが多い。ハチやガというと、怖がられたり気持ち悪がられたり、何かと人に嫌われがちなのだが、こういったハチやガは人から見てもかわいらしく見える。

もちろんハナバチであるマルハナバチの長い毛は、人にかわいがられるためのものではなく、ミツバチと同じように花粉を集めるのにも活用されている。花に潜り込んだマルハナバチは大きな体を花の中で振るわせて、体の毛に花粉をまとい、足を使って後ろ足に花粉を集める。後ろ足の外側の一部は毛がなくツルツルになっていて、こ

冷涼な北海道に生息するマルハナバチ
肌寒い早春にも活動するリンゴドクガ

こに花粉団子をくっつけて、巣へと運んでいる。

## いろんな毛のいろんな役割

ハナバチの体の毛には花粉を運んだり体を温かく保ったりする役割が、また、足の毛には花粉をまとめるためのブラシのような役割があるようだ。ハナバチに限らず、昆虫の体を顕微鏡でまじまじと見つめると、ほとんどの昆虫にはどこかしらに毛が生えていることがわかる。小さなアリの体にも毛は生えているし、ツルツルしたカミキリムシの足先にだって毛は生えている。チョウの羽を彩る模様も、羽に生えた毛が平たくうろこ状に変形したもので、もとをたどればこれも毛だ。昆虫の体に生えている毛には、どんな意味があるのだろう。

いちばんわかりやすいのは、感覚毛としての働きだ。いってしまえば猫のひげのようなもので、猫はひげの部分が何かに触れることで、そこに壁があるとかいった情報がわかり、壁にぶつからずに歩くことができる。昆虫の場合、体が硬い皮膚に覆われているので、そのままでは自分の体が今どこに接しているかもわかりづらいが、体や足先に毛が生えていることで、自分の体が今何かに接しているかいないかを感じ取る

**昆虫のいろいろな毛**



ことができるのだ。

昆虫のこういった毛は、体が何かに触れそうな足先のような部分だけではなく、体の節と節のつなぎ目のような関節の部分にも見られる。体を動かせばこの関節の毛がたわむので、関節の部分の動きが自分でもわかる。そのためこの毛がないとうまく体の感覚がつかめず、ちょうど人が目をつむって立っているときのように、うまく姿勢が保てないようだ。なかには、風や重力を感じ取るための毛もあるらしい。毛がなびけば風を感じ、毛が下に垂れれば重力を感じるというものだ。

昆虫の毛のなかでも、頭についている２本の触角の毛には、単に何かに触れているかどうかを把握するだけではなく、香りや味を確かめるための機能が備わっているものもある。そのような毛の表面にはふつうの顕微鏡では見えないほどの小さな穴が開いていて、そこから香りや味の成分を感じ取っているらしい。なので触角は、香りを頼りにエサを探したり、異性のパートナーを探したりといった場面では欠かせないアイテムとなっている。昆虫たちもそのことを知ってか、触角の汚れはとても気にしていて、こまめに毛づくろいをしている様子がよく見られる。ミツバチの前足には触角を掃除するための器官もあるほどだ。

また、異性のパートナーに受け入れてもらうために使われる毛もある。マダラチョウというチョウの仲間のオスは、メスのパートナーを見つけると、お尻の先から綿毛のように開いた毛束を出すことが知られている。この毛束からはマダラチョウの種ごとに異なった特別な香りが出ていて、これを感じ取ってメスはオスを受け入れるのだ。

毛のなかには針のようになったものもある。そもそも虫と毛と聞いて、最初に思いつきそうなのは、毛虫とよばれる、体中に毛をまとったチョウやガのイモムシたちだ。毛虫というと、刺されるとかゆくなりそうな印象が強いが、それは毛虫のなかでも毒の毛針をもったドクガやカレハガといったガの仲間の一部だけだ。

毒の毛針はイモムシを食べようとする天敵から身を守るのに役立ちそうだ。一方で、毒をもっていない毛虫もたくさん存在する。こういった毛は、感覚毛としての働きのほか、たとえば狭い空間で暮らすときに直接体が壁などに触れないことで、体が汚れないよう保護したりする効果があるとされている。また、毒はなくても毛で覆われていることで食べられにくくなる効果もあるようで、毛虫の毛を刈り取ると、天敵である肉食の昆虫に襲われやすくなるという実験結果も報告されている。

## 毛玉

ある日のボサボサ頭のハナバチ学者のたまご。デスクワークの手をとめ、セーターについた毛玉を毛玉取りで集めながら、ミツバチの花粉ブラシに思いをはせていた。昆虫学者は研究対象の昆虫にどことなく似てくるというが、

ふさふさの毒毛虫（カレハガの幼虫）

毛玉を集めて机の端にまとめる姿は、まさにミツバチの花粉団子づくりのそれだ。よく見ると、静電気のせいか髪の毛に毛玉がひとつついている。「毛玉ついてるよ」と教えると、すぐに目を輝かせて、またどこかへ飛び出していった。「やっぱり枝毛が育ってた！」。そう言って、部屋に戻ってきたたまごは、とてもうれしそうにデスクワークへと帰っていった。

# 無駄のない足 カマキリ

ハラビロカマキリ（カマキリ目：カマキリ科）



草原にじっと潜んで獲物を仕留めるカマキリは、ハンターとして名高い昆虫だ。その前足は大きな鎌状になっていて、ひとたび獲物を捕らえると、がっしりと身動きを封じて、捕まったものは生きたままその餌食となる。前足が鎌状になった昆虫はほかにもいろいろと見つかっている。調べてみると、鎌以外にも、さまざまな形の前足をもった昆虫たちがいるらしい。また、前足だけでなく、中足や後ろ足も昆虫によっては機能的に変形していることがある。足が6本あることで、それを生かした巧みな戦術が広がったようだ。

風に乗って秋の冷たさが届くようになってきた、ある日の夕暮れ。草むらに一匹のカマキリが腹ばいになり潜んでいた。胸元に鎌となった両手を構え、その鋭い目差しは一匹のトンボに向けられていたが、トンボは気づく様子もない。カマキリは枝葉にも似た細い体をじっと動かさないことで、景色に溶け込み、獲物に悟られにくい能力をもっているのだ。そうして、獲物との距離が詰まるのを待つカマキリ。「……」。そのすぐ後ろに、ひとりの男が無言で腹ばいになり潜んでいた。昆虫学者だ。その手にはマクロレンズのついたカメラが握られ、その目はカメラのファインダーに注がれていた。カメラのレンズの先にはもちろん、獲物を今にも捕らえようとするカマキリがいた。常日頃から虫を目で追い、風景のなかのわずかな違和感から虫を見つけ出す能力を手にしている昆虫学者にとっては、少々隠れたくらいではほとんど効果がない。「(それで隠れたつもりか)」。声にも出さず、ファインダーに集中する昆虫学者。「どうされたんですか？　大丈夫ですか？」「!?」。ふいの問いかけにあわてて頭を上げて振り返る。公園の一角でうつぶせになっていた昆虫学者は、散歩をしていたご婦人に簡単に見つかった。「大丈夫ですよ、すみません」。そう言って、怪しむご婦人を見送ったときには、すでにカマキリの姿はなかった。

## カマキリの必殺技

カマキリは言わずと知れた肉食のハンターだ。名前の由来でもある鎌のような前足で、獲物となる昆虫などを捕らえて、強力なあごで生きたままかじって食べることができる。なかでもメスの体長が10センチメートル近くにもなるオオカマキリは、昆虫にとどまらず、小型の鳥（！）まで捕まえてエサにすることがあるらしい。

昆虫の足はいくつかの節に分かれていて、その節と節の切れ目の部分で曲がるようになっている。ひとつひとつの節に名前がついていて、体に近い根元のほうから、き節、てん節、たい節、けい節、ふ節とよばれている。イメージしやすいように無理やり人間の腕に当てはめると、き節とてん節は肩、たい節は肩からひじの部分、けい節はひじから手首までの部分、ふ節は手と指といったところだろうか。カマキリは、前足のたい節とけい節を、内側に鋭い突起のような歯を伴う鎌へと変化させており、鎌となったけい節には、とがった鎌の先端から少し根元寄りの部分に、ほかの昆虫と同じように、細いふ節がついている。完全に武器化してしまったように見えるカマキリ

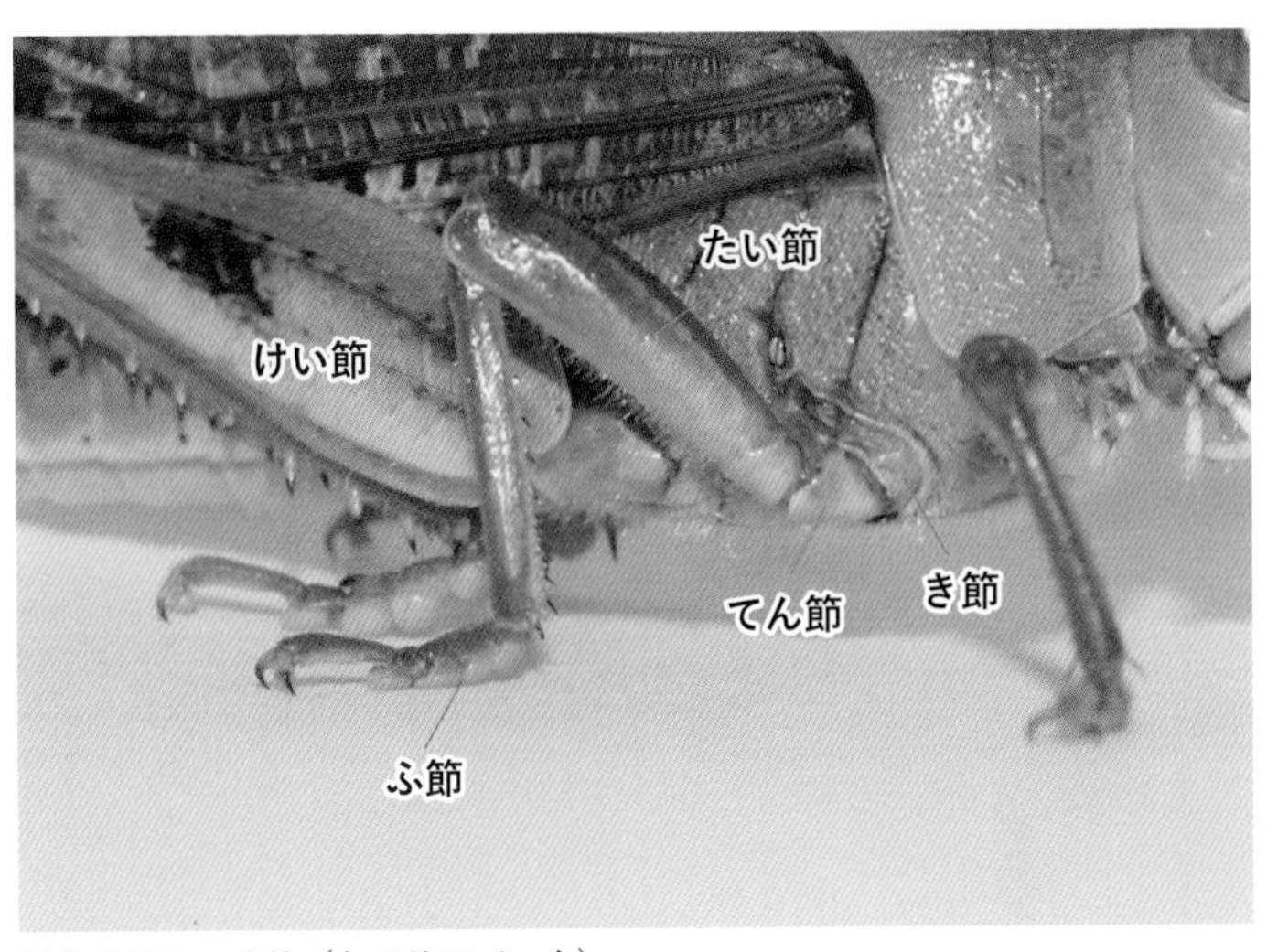

**昆虫の足のつくり（トノサマバッタ）**



の前足だが、歩行の際にはこのふ節も使われている。人でも手で何かを食べていて指をかんでしまったり、箸やフォークをかんでしまったりなんてこともあるから、鎌の先にそんな大事な足がついていると、間違ってかじってしまわないか心配になるが、鎌で捕まえた獲物を食べるときは、鎌の外側にぴょこっと行儀よく折り曲げている。これなら間違ってかじらずに済みそうだ。

幼虫のころから鎌という立派な武器をもつカマキリだが、いい武器があってもそう簡単に獲物がとれるわけではない。そこでカマキリが編み出した必殺技が、中国武術の蟷螂拳（とうろうけん）（蟷螂＝カマキリ）の

**食べるときはふ節を折り曲げる**



ヒントになったともいわれるクイックアタックだ。じわじわと間合いを詰めたのち、じっと体を縮めて動きをとめ、獲物を引きつけるだけ引きつけてから、間合いに入ったところで、すばやく体と腕を伸ばして鎌に挟み込む攻撃で、獲物を仕留める。といっても、個体により狩りにもうまい下手があるようで、失敗する光景もよく見られる。狩りができなければ、成虫になる前に死んでしまうだろうから、成虫にまでなったカマキリは、数多くの狩りを成功させてきた熟練のハンターとでもいうべきだろう。

カマキリたちは、狩りの成功率を上げるため、細くしなやかな体を、ゆらゆらと風に揺れるように動かし、ときにぴたりと動きをとめ、植物と一体化して身を隠している。なかには、人が見てもすぐにはわかりそうにないほど植物の一部に溶け込んだ体のつくりをしているものもいる。そんなカマキリのひとつが、東南アジアに生息するハナカマキリだ。

ハナカマキリの幼虫は生まれてしばらくすると、足のたい節に丸い花びらのようなひだがつき、桃色がかった白い体色と相まって、まさに花のような姿になる。といっても、ハナカマキリの幼虫は花の上に隠れるのではなく、葉の上などで花になりきって、じっとしているらしい。しかも、ハナバチが好きなにおいを出して、ハナバチをおびき寄せているというのだ。ここまで体が花のような見た目になってしまえば、もはや花の近くに隠れなくても、どこにいても花としか思われないのかもしれない。

一方、ハナカマキリは成虫になると、羽も生えて、花には見えない体型になる。さすがにこれでは葉の上にいるとバレてしまうからか、成虫は花の近くに潜んで狩りをするという。花には自然とハチが寄ってくるので、自分でハチをおびき寄せるにおい

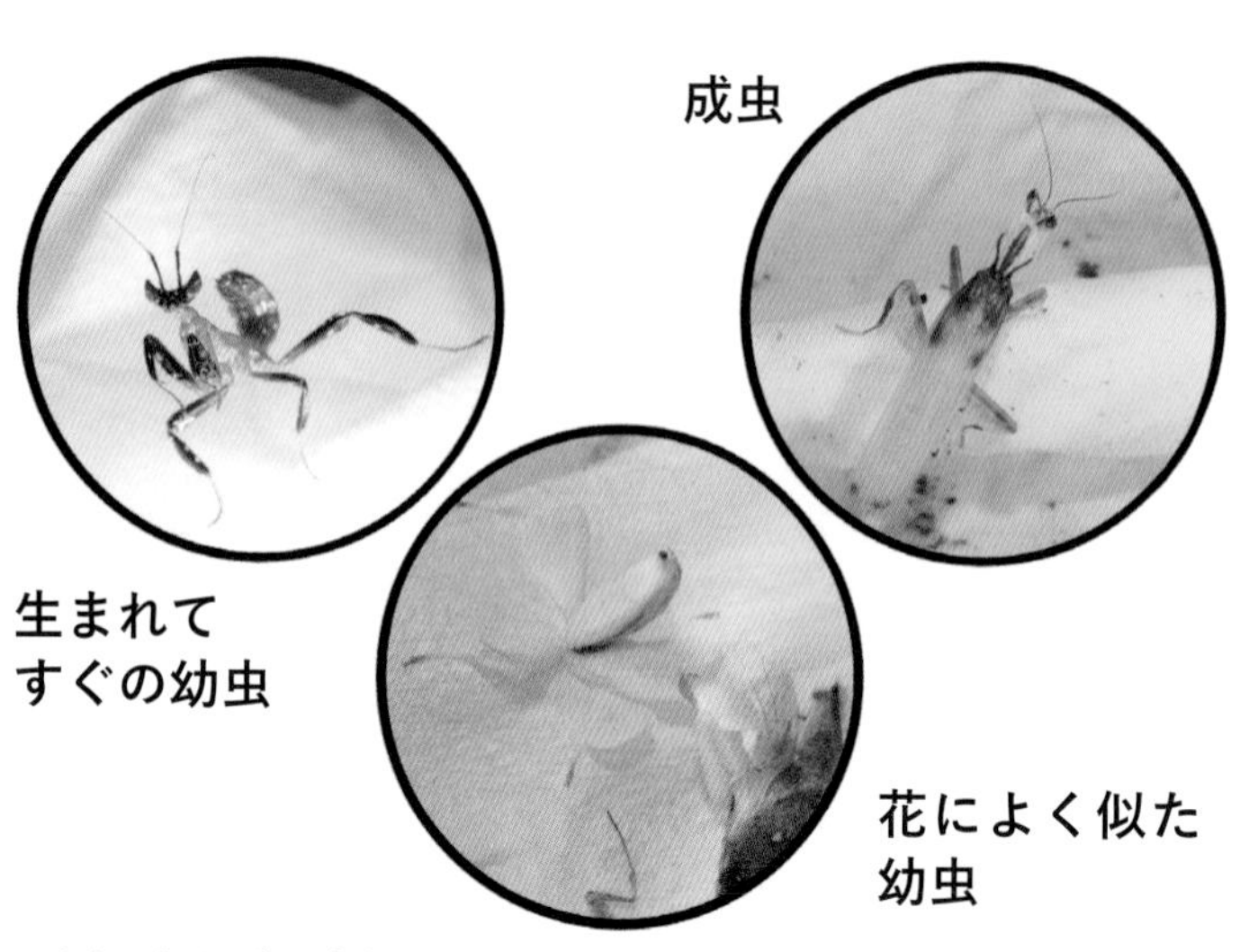


ハナカマキリの姿の変化



を出すこともないらしい。ちなみに、ハナカマキリの生まれてすぐの幼虫は、花とは似ても似つかない、赤服に黒いサングラスをかけたような、いかつい姿をしている。これはこれでカメムシの幼虫の真似をすることで身を守っているのだという。

花ではなく、枝に化けたカマキリもいる。枝に化けるといえば、ナナフシという昆虫の仲間が有名だが、どうやらナナフシだけの専売特許ではないようだ。カレエダカマキリとよばれるカマキリの姿はまさに枝そのものだ。枯れ枝のような茶色がかった体は細長く、緩やかに湾曲し、羽は枝からはがれた樹皮を思わせる。

**枯れ枝にそっくりなカレエダカマキリ**



さらに眼は、さながら枝の先端についた芽のように、先に向けてとがった形をしている。木に潜んでいるときは姿勢までも枝になりきっているようだ。

とにかくカマキリは隠れ蓑(みの)を使った戦術が得意で、胸の部分を丸く広げたマルムネカマキリとよばれるカマキリは背中側から見ると葉っぱのように見えるし、茶色でギザギザの入った体形をしたカレハカマキリは、枯れ葉そっくりだ。キノハダカマキリとよばれるカマキリは、木の表面にそっくりな模様をまとっていて、体を低くして木に張りつくようにして潜んでいる。この姿と姿勢によって隠れることで、自身は鳥などの外敵に襲われにくくしつつ、獲物には気づかれずに潜むことができるのだろう。

## 新たな鎌使い

　カマキリの第一の武器である鎌は、獲物を瞬時に押さえ込むうえでは強力であり、他の昆虫を襲ってエサとする昆虫にとってはこの上なく都合のいい装備となる。実際、水の中で狩りをおこなうタガメなど、昆虫のなかにはカマキリ以外にも鎌使いたちが見つかっている。

　水の中に住む昆虫では、タガメのほかにタイコウチやミズカマキリという昆虫たちも鎌使いとして知られる。ミズカマキリは、名前にカマキリとついているが、カマキリの仲間ではない。ミズカマキリもタイコウチも、タガメと同じくカメムシの仲間で、水の中の魚や昆虫、オタマジャクシやカエルなどを鎌で捕らえ、針状の鋭い口を突き

獲物を捕らえたキノハダカマキリ

鎌を広げたタガメ



刺して体液を吸うハンターだ。

カマキリモドキという昆虫は名前の通り、シルエットがカマキリに似ていて、立派な鎌をもっているが、カマキリとは全然違うグループに属する。鎌はもちろん他の昆虫を捕らえるために使われるが、カマキリとは鎌のかまえ方も違っていて、カマキリが胸の前に鎌を縮めてお祈りするようにかまえるのに対し、カマキリモドキは、たい節の先、人間の腕のたとえでいうと「ひじ」を突き出して、ひじから先の部分を内側に引いてかまえている。また、カマキリのふ節は鎌の先端より少し根元側から伸びていたが、カマキリモドキのふ節は鎌の先から伸びているとこ

**カマキリモドキのかまえ**



ろも違っている。

カマキリとカマキリモドキで決定的に違うのは幼虫の姿だ。カマキリの幼虫は子どものころから鎌をもち、熾烈な狩りを繰り返して成虫となるが、カマキリモドキの幼虫は鎌をもっていないのだ。そもそも体の見た目もカマキリモドキの成虫とは全然違っていて、細長いウジムシに爪のある足を生やしたような姿をしている。エサとするのはクモの卵だという。

これまでに紹介した鎌使いたちは、ほとんどが体長1センチメートルを超える、昆虫としては大型のものたちばかりだ。だが、鎌を使うのは、こういった大型の肉食昆虫ばかりではない。水田の近くで

**カマバチ（左）とカマバエ（右）**

しゃがみこんで小さな昆虫の世界に目をやると、ほかにも鎌をもった昆虫が見つかる。カマバチとカマバエだ。どちらも体長5ミリメートル以下の小さな昆虫だが、顕微鏡でのぞいてみると、カマキリにも劣らない立派な鎌をもった鎌使いであることがわかる。

カマバチの仲間では、メスの成虫の前足が鎌状になっている。ただ、カマバチの鎌は、どちらかというと、はさみのような見た目をしている。つくりもカマキリなどとは違っていて、鎌に変化しているのは「手」にあたるふ節の部分だ。このふ節の先端の爪の片方が長くなるとともに、ふ節のいちばん先端の節が鎌状に伸びることで、挟み込むような鎌ができあがっている。この鎌を使って獲物である昆虫を押さえつけ、かじって体液を吸ったり、卵を産みつけて幼虫のエサにしたりするのだ。一方、カマバエの仲間がもっている鎌はカマキリのそれと形状がよく似ている。この鎌を使って水際にいるカやユスリカのような小昆虫を捕まえてエサとしているらしい。

## 暮らしに欠かせない前足

体長5ミリメートルにも満たない小さな昆虫でも、足の一部を武器化することで、一芸に秀でたハンターとなれた。人間は二足歩行となったことで、前足を手として自由に使えるようになり、道具を使い、高度な技術を発達させたといわれるが、昆虫の場合は、足が6本あり、羽もあるので、立ち上がらずとも足の数に余裕があり、6本の足のうちの1対を特殊化しても、移動や歩行にさほど問題はないのだろう。実際、昆虫の前足はカマキリの鎌のような武器以外にも形を変えている。

たとえば、おけらの愛称で知られるケラは、地中に穴を掘って暮らす昆虫だが、その前足はモグラの手のように、平たく大きく変形し、しっかりとした爪がついていて、土を掘り進めるのに適した形をしている。試しに、ケラを手の中に包んでみると、その前足の力強さがわかる。前足を外側に向けて広げ、指と指の隙間をこじ開けようとするが、とても抑え込めるようなものではない。土を掘り進めるという意味では、セ

大きな前足で土を掘り進むケラ

ギザギザの前足とスコップのような頭をもったダイコクコガネ

糞虫(ふんちゅう)とよばれる、動物の糞などに集まるコガネムシの仲間は、地面に穴を掘って子育てのための巣をつくる習性がある。それらの前足も他のコガネムシの仲間より、平たく大きく変形し、ギザギザした爪が発達している。糞虫の場合は前足だけでなく、頭も平たく、スコップのようになっている。

## 後ろ足と中足も無駄なく使う

　昆虫たちが変形させているのは前足だけではない。後ろ足を変化させたものとしてわかりやすいのがバッタやキリギリスの仲間だ。バッタといえば跳ねる、跳ねるといえばバッタというくらい、バッタやキリギリスの仲間は跳ねて移動することを得意とする昆虫で、これを可能としているのが、他の足に比べて明らかに長く変形した後ろ足だ。特にたい節（人間の腕でいうと肩からひじの部分だが、足でいうと足の付け根から膝にかけての部分、つまり太もも）は根元にかけて太くなっていて、いかにも力強そうに見える。実際、この後ろ足には発達した筋肉が詰まっている。

　だが、どんなに筋骨隆々の足をもった人間だろうと、高くジャンプできるとは限ら

後ろ足が発達したバッタ（左）とキリギリス（右）の仲間

ないように、筋肉があるだけではバッタのジャンプ力は生み出せない。そこで使われているのが弓の原理だ。バッタのたい節の、けい節とのつなぎ目の部分には、半月状の板のような構造があり、太ももの中にある筋肉でこれを引っ張ることで、この板がたわみ、けい節はキュッとたい節に引きつけられ、ちょうど弓を引いたような状態になる。膝を曲げて力をためているようなイメージが近いだろうか。あとは弓を離すように、引っ張った筋肉を緩めると、その反発でけい節から先の足が勢いよく振り出される。この反発力がバッタの大ジャンプにつなが

弓の原理でジャンプ

るのだ。ちなみに、人間が膝を曲げた状態からジャンプするのは、ひざを痛めるので注意が必要だが、仕組みは違えど、バッタも例外ではない。なので、バッタのけい節の根元付近には関節を痛めないための緩衝材のような機能をもった部分も備わっているそうだ。

後ろ足は武器のように使われることもある。ナナフシの仲間で、東南アジアに生息するサカダチコノハナナフシは、他のナナフシのような枝の形ではなく、名前の通り木の葉に似せた姿をしている。その後ろ足は内側に鋭いトゲが並んでいて、いかにも物騒だ。このナナフシの体に手で触れようとすると、前足と中足で踏ん張って、後ろ足を大きく開いて制止する。その姿はまるでクワガタムシが大きなあごを開いて威嚇（いかく）するような威圧感で、しかもただの威嚇ではなく、手を近づけると、勢いよくその後ろ足を閉じて手を挟むように攻撃してくる。武器は武器でも、獲物を狩るためではなく、防御のための武器としてこれを使っているようだ。

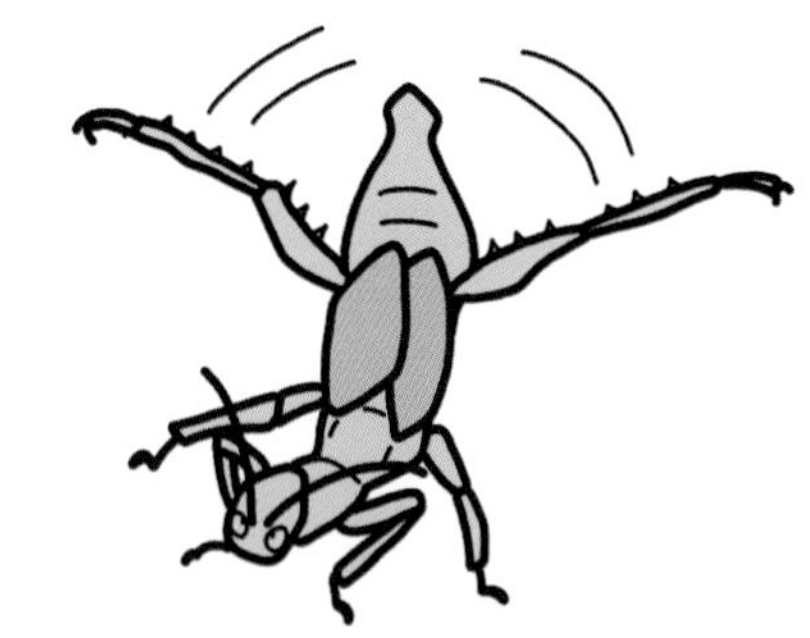

トゲトゲの後ろ足をもったサカダチコノハナナフシ

中足をオールのように使う水上のアメンボ



中足が武器となることはあまりないようだが、ハエの仲間であるオドリバエには、中足が鎌状になっているものもいるらしい。また、獲物を狩るような武器ではないが、池や川などで見かけるアメンボの一種のオオアメンボでは、中足がどれだけ長いかでオス同士の縄張り争いでの勝ち負けが決まるという重要な役割をもっているそうだ。オオアメンボでなくとも、ほかのアメンボでも、中足は前足や後ろ足より長くなっている。アメンボは細かい毛の生えた足によって水に沈まないように水面に立って暮らしており、スイーッと水面をすべるように移動するが、このとき役に立っているのもこの長い中足だ。前足と後ろ足は固定したままで姿勢を保ち、この中足で、前から後ろにオールのように水面をけることで、すべるような前進を可能としているのだ。

## 昆虫学者の指

山から下りてきた、ひげ面の大柄な山男。虫取り網を携えた姿から察するに昆虫学者に間違いない。宿にたどり着くと、他の宿泊者を尻目に大部屋でさっそく採集した昆虫を机の上に広げ始める。その大きな体とは裏腹に、獲物は5ミリメートル以下の小さな昆虫ばかり。山男の太い指では到底扱えそうもない代物だ。「そんなのどうするんですか?」。宿泊者のひとりが好奇心に負けてたずねる。「ああ、ごめんなさいね。今日中に整理しておこうと思いましてて」。そう言うと、いともたやすく、指の弾力をうまく使って虫をつぶれないようにつまみ上げ、先の細いピンセットをこれまた太い指で巧みにあやつり、さらには先端に毛を貼りつけたお手製の針を使って、虫の体についたごみを取り除いていく。昆虫学者が自由に使える手は2本しかないが、どうやら昆虫学者の指というのは、獲物である昆虫を扱うために最適化されているらしい。

# 大きなメガネ トンボ

オオシオカラトンボ（トンボ目：トンボ科）



トンボといえば、メガネをかけたような大きな眼が印象的だ。肉食の昆虫であるトンボは、この大きな眼で、飛んでいる獲物を見つけて襲いかかる。

トンボの眼をよく見ると、表面はメガネのようにツルツルのレンズではなく、いくつもの丸いでこぼこが並んだようになっていることがわかる。さらによく見ると、右の眼と左の眼の間に、3つの丸いレンズのようなものがついているようだ。他の昆虫も調べてみると、さまざまな眼があることがわかる。どうやら昆虫の眼のつくりは、昆虫の暮らしと関わりがあるようだ。

## つぶらな瞳

「どの昆虫が好きですか？」。とある講演会の終わり際、子どもから向けられた質問に昆虫学者が答える。「トンボです！」。トンボといえば、いわずと知れた人気の昆虫だ。「トンボのどこが好きですか？」の質問に、「そりゃもう、眼ですよ！」とまっすぐに答える昆虫学者。「トンボの眼って、大きくて、透き通ってて、ついつい見つめたくなっちゃうでしょ！　しかもね、見つめてると眼が合うんですよ！　後ろから近づいても、すぐ気づいてこっちに向き直ってくれるし……」。突如、身振り手振りを交え、トンボの眼の魅力を語りだす昆虫学者に、あっけにとられた子どものつぶらな瞳は、いつにも増して大きく見開かれていた。

## 狩人の眼差し

「赤とんぼ」とよばれるトンボにはいくつかの種類のトンボが含まれているが、その代表的なものがアキアカネだ。夏から秋にかけて出会うことがあるこのトンボは、移動しながら暮らすトンボとして知られ、初夏に羽化して成虫になると、標高が高く涼しい山地に移動して、夏の暑い時期をやり過ごし、秋になると低地に下りてくる習性

**手すりにとまったアキアカネ**



をもっている。

群れで飛び回っているとき以外は、手すりなどにとまっていることもあるので、虫採り網で捕まえなくても、ゆっくり慎重に近づけば、その姿をまじまじと見つめることができる。童謡「とんぼのめがね」にあるように、トンボはまるでメガネでもかけているかのように大きな眼をしている。右の眼と左の眼は頭の上のほうでぴったりと接していて、顔全体が眼といわんばかりだ。

トンボをはじめ、昆虫たちがもっている眼はふつう、いわゆる「複眼」とよばれるもので、漢字の通り複数のレンズのような眼（個眼という）が集まってひと

**トンボの顔**



つの眼をつくっているような構造をしている。いったいそんな眼から世界はどんなふうに見えているのだろう。残念ながら人がそれを体感するのは難しい。たとえ小さなレンズを並べたメガネをつくって、そのメガネ越しに世界を見たとしても、その情報が昆虫の頭の中でどう処理されて映像となっているかは知るよしがないからだ。

だが少なくとも知られていることのひとつとして、トンボの眼は特に動きに対して敏感であることが挙げられる。これを示す有名なお話として、「指をくるくる回しながら手を近づけて、トンボの眼を回して取る」というトンボの捕まえ方がある。といっても、実際にトンボが目を回しているわけではない。トンボの前で指をゆっくり大きく回すと、トンボは首をかしげながらその指を眼で追うようになる。指の動きに気を取られたトンボはゆっくり指を回しながら近づいてくる手には気づかず、そのまま捕まえられてしまうのだ（もちろんコツはいるが）。もっとも、指を回すのはさほど必要ではなく、ゆっくり手を近づければ、それだけで採ることもできる。このゆっくり近づくものに対する反応は、他の昆虫でもだいたい同じで、昆虫にめいっぱい近づいて写真を撮りたいときなども、とにかくゆっくりと、体勢を変えないように接近するとうまくいく。カマキリは獲物との距離を詰めるときには、前後にゆらゆら揺れながらゆっくりと接近するが、これもそういった効果があるのかもしれない。

そうはいっても、トンボの頭に対する眼の大きさは、他の昆虫と比べても破格だ。もちろん、無意味に眼が大きいとは考えにくい。では眼が大きいと何がいいのだろうか。たとえば、見える範囲が広くなりそうだ。トンボの場合、おそらくそれはハンティングに役立つだろう。トンボはせわしく飛び回りながら、飛んでいる昆虫を捕まえて食べる。上下左右に飛び回る獲物を逃がさないためには、この広い視野は欠かせない。実際、トンボほどではなくとも、狩りをする昆虫の眼は大きいことが多いようだ。

**ミツバチを捕らえたムシヒキアブ**



たとえば、ハンターとして名高いカマキリも、頭の大きさに対して眼が大きいように見える。また、ムシヒキアブとよばれるアブの仲間も、サングラスをかけたような大きな眼をしていて、やはり狩りをおこなうことで知られている。カリバチとよばれる、狩りをおこなうハチの仲間もやはり眼が大きい。

トンボよりも頭に対する眼の割合が大きい昆虫もいる。アタマアブという、頭のほとんどが眼で覆われているかのように見えるハエの仲間もいる。といっても、アタマアブの成虫は、メスがカメムシの仲間に卵を産みつけるくらいのことはするものの、他の昆虫を捕まえてエサとするようなことはしない。そもそもハエの仲間は眼が大きい傾向があるように見える。眼が大きいのはそれだけ眼に頼って暮らしていることの表れであり、決して獲物を見つけるためだけに有効なわけではないようだ。

## 見つめる瞳

トンボの大きく透き通った眼を眺めていると、ときどきこちらにまっすぐ向けられた黒い瞳と眼が合って、見つめ合っているような気になってくる。だが、昆虫の眼は、人の眼と構造が違っていて、瞳などもっていない。瞳のように見えるのは、偽瞳孔（ぎどうこう）とよばれる、ニセモノの瞳だ。これはトンボの眼がたくさんの個眼からできていることで起こる現象として知られていて、カマキリの眼などにも見られることで有名だ。色鮮やかなトンボやカマキリの眼だが、個眼のひとつひとつは真正面から見ると黒く見える。なので、ちょうど自分のほうを向いている個眼だけが黒く見え、瞳があるように見えるのだ。

だが、「眼は合ってないのか」と残念がる必要はないかもしれない。偽瞳孔が見えるくらい昆虫に近づいているのなら、昆虫も全神経を集中して、その人のほうを見て

**カマキリとトンボの視線**



いるはずだ。もちろん、いつでも逃げられるように、警戒してのことだろうが。トンボもカマキリも大きな眼をしているが、それに加えて、頭もよく回転する。近づくとこちらに顔の正面を向けてくるので、こちらを意識していることはわかるはずだ。

頭の正面を見たいもののほうに向けるこの動きは、敵から逃げるためにも、獲物を狩るためにも重要だ。正面に捕らえることで、より多くの個眼に相手の姿を映し、相手の動きを探ることができるからだ。

そのうえ、カマキリには、2つの眼を使って、ものを立体的に見る能力が備わっていることが知られている。ものを立体的に見る能力は人にも備わっていて、右目と左目で少しずつずれた角度からものを見ることで、奥行きを感じとり、ものとの距離をある程度把握することができる。3Dメガネを使って3D映像を見る仕組みはこれを応用していて、メガネをかけた状態で、右と左で少しずつズレた映像を見ることで、そのズレの大きさによって、本当の画面より近くにあるように感じたり、奥にあるように感じたりすることができる。ものを立体的に見る能力は他の哺乳類や鳥類でも知られているが、昆虫で確認されているのは今のところカマキリだけだ。

　たとえばこんな実験がある。カマキリサイズの3Dメガネをカマキリに装着し、丸い球が手前に見えたり、奥に見えたりする3D映像を見せるというものだ。実験では、球が手前に見えているとき、つまり獲物との距離が近いときに、鎌を使って攻撃するしぐさが見られるという。ただ、カマキリがものを立体的に感じとる仕組みは、人な

3Dメガネをカマキリがかけると

**つぶらな瞳のエサキモンキツノカメムシ**



どとは違っているらしく、動いているものの、つまり獲物に対する距離感をつかむのに長けた仕組みとなっているそうだ。

## 上の眼、下の眼

眼ヂカラが優れているのは、トンボやカマキリのようなハンターばかりではない。肉食のものからそうでないものまで、多くの昆虫たちはいろいろな場面で、この眼から得られる情報を頼りに暮らしている。丸かったりドーム状だったりする複眼の形は、広い視野を与えてくれるので昆虫たちが周囲の状況を把握するのに欠かせない。カメムシのつぶらな瞳（もちろんカメムシも瞳孔はもたないが）もそれなりの理由があるというわけだ。敵は360度どの方向から迫ってくるかわからないので、広い視野は、敵の接近をすばやくキャッチし、生き残るための重要な武器となるのだ。

これは水辺で暮らす昆虫も同じだ。ミズスマシという一風変わった名前をもつコウチュウの仲間を見てみよう。ミズスマシは水面近くを泳ぐ昆虫であり、その体は平たい流線形で、表面はツルツルしており、水の抵抗を受けにくい。中足と後ろ足は平らで短く、水をかいて泳ぐのに役立つ。前足は長く伸びており、水面に落ちた獲物をかじる際、獲物が流れていかないよう、抑え込んで食べるのに役立つ。いずれも水面での生活に最適化されているわけだ。そして眼も、水面での暮らしに適するようになっている。ミズスマシの眼は水面を見る用の眼と水中を見る用の眼に分割されており、4つの眼が備わっている。これにより、鳥のような空からの敵にも、魚のような水の中からの敵にもすばやく気づいて逃げることができるのだ。

水面暮らしに適した形のミズスマシ

トンボの仲間は上下に分かれた眼はもっていないが、よく見ると上半分と下半分で色が違っているものがよく見られる。たとえば、アキアカネだと、上半分は鮮やかな赤色だが、下半分は黄緑色をしている。これにも何か意味があるのだろうか。アキアカネで調べた研究によると、上半分と下半分で眼の色が違うのは、眼に蓄積している色素が違うためらしい。しかも違っているのは色素だけではなく、個眼の大きさも上半分と下半分で違っていて、上半分はひとつひとつの個眼が大きく、下半分では小さいという。この違いによって、上半分と下半分で違う色の世界を見ているようなのだ。

仕組みは違うかもしれないが、眼の色が上下で違う昆虫はトンボ以外でも見られる。イシガケチョウというチョウの眼もそのひとつだ。このチョウの眼の場合、上半分は橙色、下半分は黄緑色で、その境目には黒いラインが入っている。横から見ると、なんだか眠そうな表情にも見えるが、この眼ももしかすると、上と下で見え方が違ったりするのかもしれない。イシガケチョウは羽が石垣模様であることからその名前がつけられたといわれているが、他のチョウたちと比べて、とまるときに羽を開いてぴたりと貼りつくようにしていることが多い。そんなときにはきっとこの眼の上半分で背中側に注意を払っているのだろう。見え方が違うのか、それとも隠れるための模様の

眠そうなイシガケチョウの眼



一環なのか、どんな効果があるのかはわからないが、色の違いには何か意味があるのかもしれない。

そもそも昆虫は、人には見えない紫外線などを感じ取るセンサーをもっている。人の場合、このセンサーは赤、緑、青のたった3種類であるのに対し、花を訪れるチョウやハチは4種類ほどもっているらしい。しかも個眼ひとつひとつで感じ取りやすい色が違うという。花のなかには人には見えない紫外線域の色で昆虫を呼び込む印をつけているものなども知られている。一方、トンボはこのセンサーが他の昆虫よりもとびぬけて多いらしく、アキアカネの場合は16種類（！）ももっているそうだ。昆虫たちの眼には、想像もつかない世界が映っていそうだ。

## 第三の眼、開く

手すりにとまったトンボの顔をひたすら見つめていると、大きな眼と眼の間に、ぽつぽつと3つのできもののようなものがついているのが気になってくる。じつはこれもトンボの眼で、大きな眼が「複眼」とよばれているのに対して、こちらは「単眼」とよばれている。なぜこんなところに別の眼がついているのだろう。眼と眼の間に別の眼があると、いかにも「第三の眼」といった感じで、きっと秘められた特殊能力があるに違いないと勘ぐってしまう。

実際、この単眼には複眼とは異なった役割があるようだ。複眼はたくさんの個眼が集まってつくられており、そのひとつひとつのレンズで外の世界を見ているため、小さな動きでも、たくさんのレンズに映れば大きな動きになる。このため動きの認識に強いといわれている。これは狩りにも生かせるし、急に襲いかかってくる敵から逃れるためにも役立つ。もちろん動きだけではなく、色や形の認識にも使われるので、周囲の状況の把握にも欠かせない役割がある。ハナアブのように、すばやく飛び回るような飛行能力に長けている昆虫では、狩りをしなくとも複眼が発達しているものが多いのもそのためかもしれない。

一方、単眼は、レンズがひとつしかないので、映像として見られる情報はほとんどなく、明るいか暗いかを認識するのに使われているとされている。たとえば、昼に鳴いて夜には鳴かないセミでは、昼と夜の認識にこの眼が使われているようだ。では、トンボの場合はどうかというと、すばやく飛び回るうえで重要な、飛行姿勢の制御に役立っているといわれている。複眼で見る視覚的な情報に加え、単眼で太陽の明るさを認識し、これを背にして飛ぶことで、ひっくり返ることなく、高度な飛行能力を思いのままに発揮しているのだ。

昆虫の第三の眼のような単眼だが、この眼はすべての昆虫がもっているわけではない。単眼の数が少なくなっているものや、まったく単眼をもっていないものもいるのだ。意外なことに、昆虫のなかでいちばん種数が多く、よく知られているカブトムシ

単眼で光を感じ、太陽を背に飛ぶトンボ

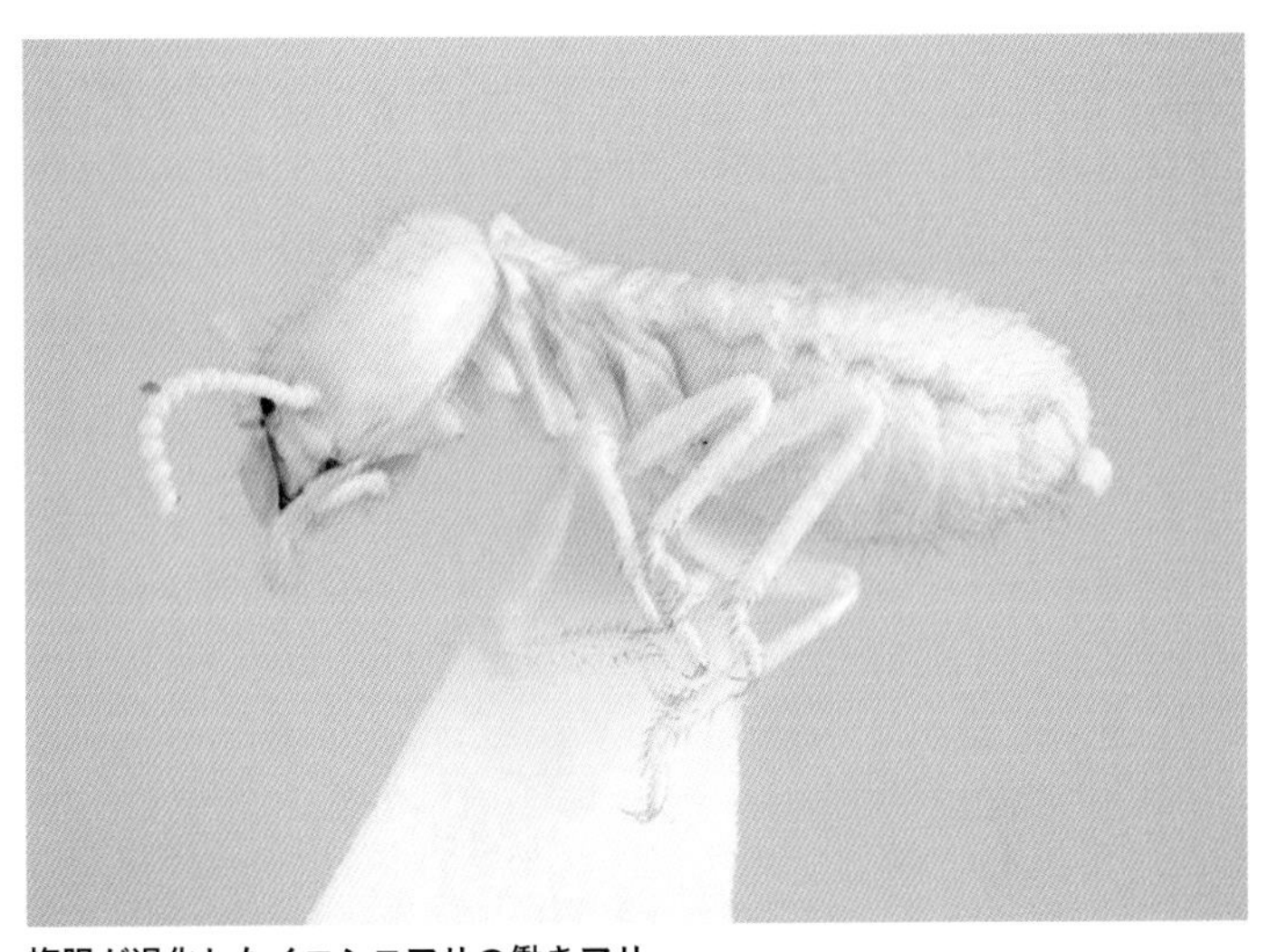

**複眼が退化したイエシロアリの働きアリ**



やクワガタムシ、カミキリムシなどに代表されるコウチュウの仲間も、多くは単眼をもっていない。残念ながらこれらの昆虫がなぜ進化の過程で単眼を失ったのかはわかっていないようだ。

単眼がなくても複眼があれば何とかなりそうだが、複眼すらなくなる場合がある。たとえば、アリの多くは、同じハチ目のハチ類と比べても、明らかに頭に対する眼の割合が小さい。また、多くのシロアリでは、働きアリの眼は、ほとんどなくなってしまっている。これらの昆虫は、洞窟の中や地中、木の中など、日の光が届かない暗いところで暮らしている。そのため、もはや眼をもっていてもあまり意味はなく、眼が退化してしまったと考えられている。その代わり、体の表面に感覚毛が発達していて、これで周囲の状況を把握しているようだ。

## 昆虫学者の眼

昆虫学者の眼もふつうの人の眼とは構造が違うのではないかと思えるときがときどきある。「今の何だった?」。車で山道を移動中、運転する昆虫学者が突然口にする。「ヤンマでしたね。ふつうにギンヤンマかな」。さも当然とばかりに、後部座席にいるもうひとりの昆虫学者が答える。助手席にいた助手の学生はもちろん前を見ていたが、車の少し上をすれ違いざまに一瞬だけ横切ったトンボの姿など確認できたはずもない。昆虫学者と昆虫では、眼のつくりも、レンズの数もまったく違っているが、もしかすると周りの昆虫を見つける能力に関しては大した違いはないのかもしれない。

# 小さくて巨大 ノミ

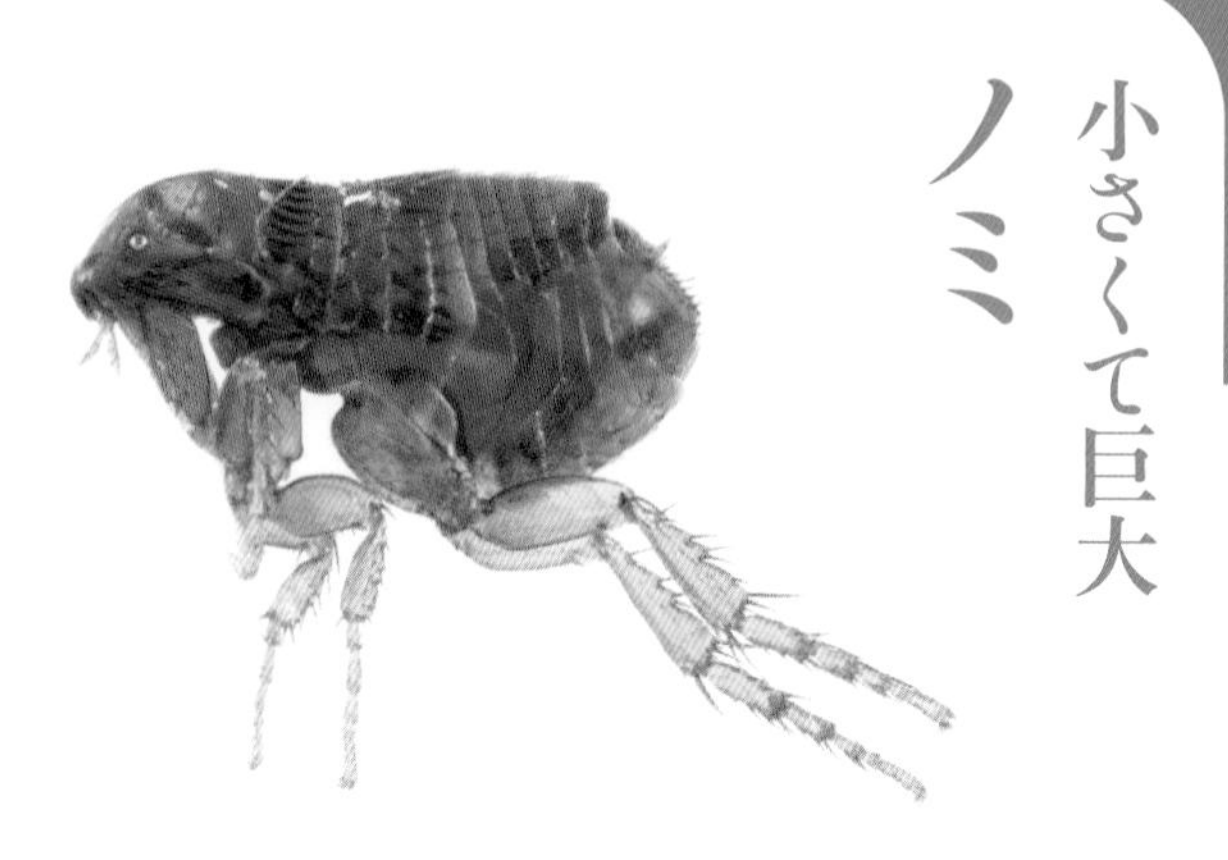

ネコノミ（ノミ目：ヒトノミ科）

ノミは立派な昆虫だが、あまり昆虫として認識されていないことも多い気がする。体長が1センチメートルを超えることはない小さな昆虫だが、想像以上にその種類は多い。だがそれは、決してノミに限ったことではない。じつは昆虫の世界は、ノミのような微小な昆虫のほうがはるかに多いのだ。実際、森の土をすくって調べてみると、信じられないほどの昆虫たちが姿を現す。1センチメートルを超えない小さな昆虫たちによる巨大な世界が、私たちの足もとには広がっているのかもしれない。

**ノミの標本**



## 紙と針のコレクション

昆虫は形を整え、乾燥させることで、標本として保存することができる。そこで、昆虫学者はこの標本を標本箱という密封性の高い容器に保管することで、長年にわたって研究に使用している。とある研究所の一般公開イベントで、大ベテランの昆虫学者のひとりが、研究対象としてきた昆虫の標本が詰まった標本箱を見せてくれた。「これが、私がこれまでの研究人生で集めてきた昆虫コレクションです」。期待に胸を膨らませて、中をのぞいた観客の目に映ったのは、たくさんの針と、それに刺さった四角や三角の紙だった。きっと心の清い昆虫学者にしか見えない昆虫標本に違いない、と思った観客たちだったが、たしかにその紙の先には、ゴマ粒ほどにも満たない小さな虫たちが貼りつけられていた。よく見ると、針につけられた紙には、昆虫のものとおぼしき名前が書かれている。全部同じにしか見えないが、どうやらその箱の中には数十種類もの虫の標本が詰まっているようだ。こんな小さな虫たちにどれだけの違いがあるのかという、観客のあきれにも似た驚きとは裏腹に、昆虫学者の顔は自信に満ちていた。

## ノミも昆虫

ノミは、体長1〜9ミリメートルほどで、動物の体毛の中に潜り込んで血を吸う生き物だ。イヌやネコに限らず、人を含め、多くの動物に寄生する、いわずと知られた厄介ものだ。その口は血を吸うために針状にとがっていて、羽は退化し、後ろ足は取りつく際に高く跳ね上がれるように発達している。動物が出す二酸化炭素を探知する能力があり、動物が近づいたらその後ろ足で高く跳ね上がって取りつくのだ。体に取りついて血を吸うところがダニに似ていることから、よく「ノミやダニ」とひとくくりにされるため、昆虫として知られていないことがあるが、ノミは足が6本、ダニは足が8本（ただし幼虫は6本）であり、ノミはダニとは違って、れっきとした昆虫だ。それも卵、幼虫、さなぎを経て成虫になるという、完全変態昆虫であり、いってしまえば、カブトムシなどと変わらない成長過程をもっている昆虫なのだ。

ノミというと「ああ、ノミね」と知っている気になってしまいそうだが、じつは、世界には知られているだけでも約1800種ものノミがいて、そのすべてを知る人はそういない。身近なものでもネコノミ、イヌノミ、ネズミノミなどがいて、人に寄生するヒトノミなんてものもいる。ある特定の動物だけに取りついているようなノミも知られている。

ノミと並んで、シラミも耳にすることがある生き物だが、これもれっきとした昆虫だ。ノミと同じく人を含む動物の体表に取りついて血を吸うが、こちらは幼虫から成虫になるときにさなぎになることはない。ノミと同じように成虫には羽はなく、足は短く、体は平べったくて、いかにも張りつきやすいようになっている。

ノミとシラミは昆虫だが、ダニは昆虫ではない

もちろんシラミにもいろいろな種類がいて、イヌジラミ、ウシジラミなど、世界には500種以上ものシラミが見つかっている。人につくのはこのうちヒトジラミとケジラミで、ノミと違って、特定の動物だけに取りついているものがほとんどだ。なお、トコジラミやキジラミ、コナジラミという名前の昆虫たちもいるのだが、これらは正しくはシラミではなく、カメムシの仲間で、トコジラミは哺乳類の血を吸い、コナジラミ、キジラミは植物の汁を吸う。また、血を吸わないで体毛や羽毛を食べるハジラミという昆虫もいる。ちなみにハジラミはシラミに近い昆虫で、どちらもカジリムシ目というグループに属している。

ノミもシラミもなんとなく存在は知られているものの、実際にそれらがどんな昆虫で、どれだけの種類が存在しているのかは、世間一般にはあまり知られていない。だが、ノミやシラミはまだましなほうで、昆虫のなかには、人に危害を加えることも、何か直接的にわかりやすい利益や被害を与えることもなく、ひっそりと暮らしているがために、昆虫学者以外には、その存在すら気づかれていないものたちがいる。

名前がついているものだけでも昆虫は地球上に約１００万種いるとされ、名前もついていない昆虫たちがその何倍も存在しているといわれている。その多くはノミのように体の大きさが１センチメートルにも満たない昆虫たちだ。たとえば、一般的にハチといってイメージされるのは、スズメバチやミツバチ、アシナガバチのようなものだが、じつは世界から15万種ほどが知られているハチの半分以上は、体の大きさが１センチメートルにも満たないような寄生バチの仲間なのだ。世界最小の昆虫として知られているのも、この寄生バチの仲間で、その大きさは０・２ミリメートルにも満たないほどだという。

体が小さいからといって、カブトムシのようにカッコいいツノをもっているものや、タマムシのように光り輝く体をもっているものがいないわけではない。むしろ、よくこの小さな体にここまでおもしろい構造を詰め込んだなと感心するものが多かったりする。小さい昆虫でツノをもったものといえば、有名なのはツノゼミの仲間で、そのほとんどはやはり体長１センチメートル以下だ。ツノの形はツノゼミの種類ごとにさまざまで、半月状に伸びたものや、バラのトゲに似せたようなものなど、趣深いもの

ミツバチ（左）より小さな寄生バチ（中）ともっと小さな寄生バチ（右）

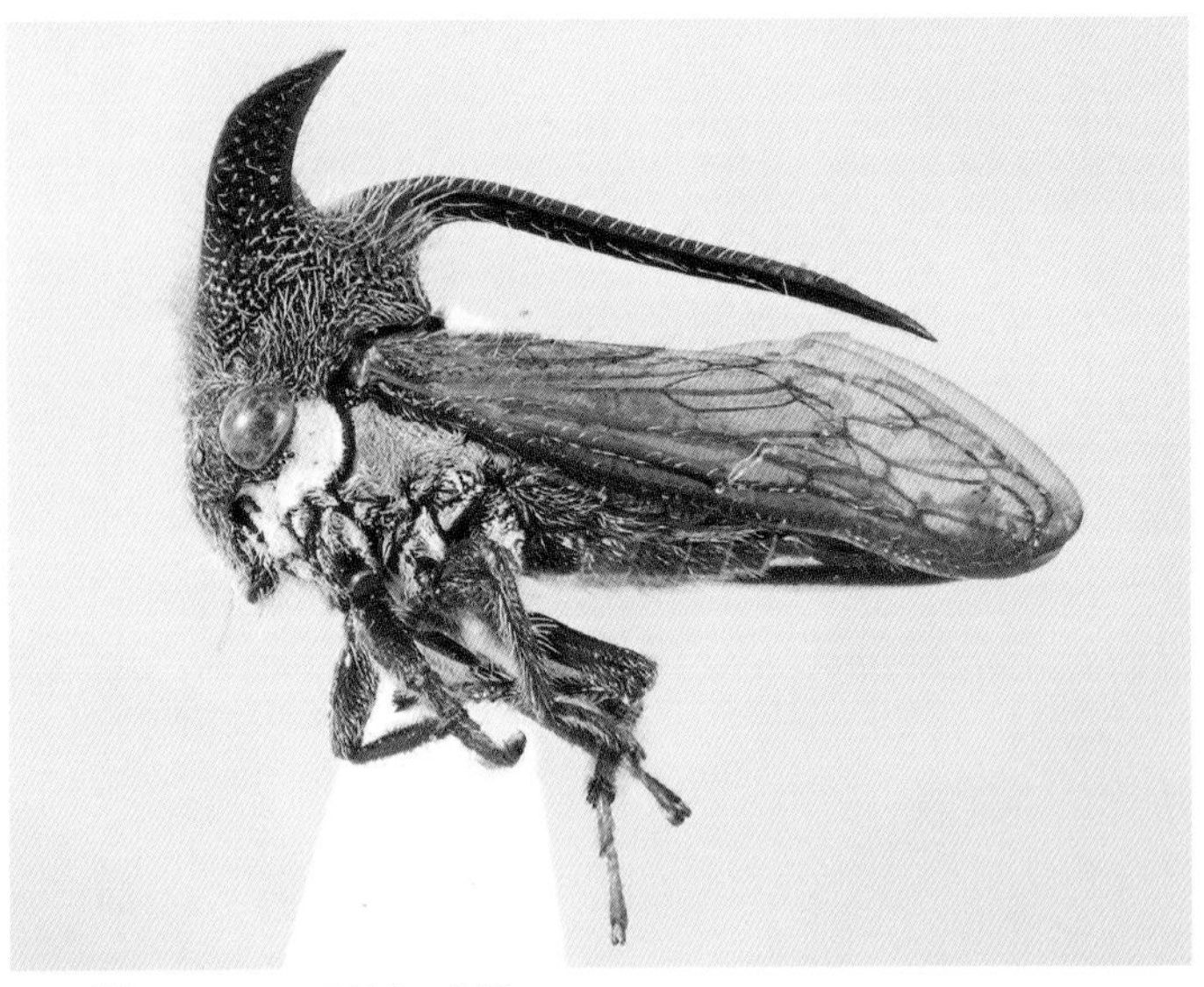

ツノがカッコいいツノゼミの仲間

ばかりだ。

また、小さい昆虫と聞いてまず思い浮かべる昆虫のひとつがアリだが、ひと口にアリといっても、やはりその体のつくりには信じられないほどいろいろなものがある。アリにツノのようなものなどなさそうに思えるが、トゲアリとよばれるアリは背中に弓なりに伸びたトゲを背負っているし、アリの体なんてツルッとしていて特徴がなさそうに思えるが、アミメアリというアリの頭と胸は、細かい網目状のしわに覆われている。眼の大きさだって、あごの形だって、アリの種類ごとにさまざまなのだ。

小さい昆虫のなかにもタマムシに負けじと、キラキラしたものたちがいる。たとえば、体長7、8ミリメートルほどのハムシの仲間であるルリハムシは、全身に金属光沢をまとっている。同じくらいの大きさのジンガサハムシにいたっては、金色に輝いている。だが、これで驚いてはいけない。体長5ミリメートルにも満たないような昆虫でもやはりキラキラと輝くものたち

網目模様のアミメアリ

キラリと輝くコガネコバチの仲間



がいるのだ。たとえば、寄生バチの仲間のコガネコバチとよばれるハチたちは、緑色の金属光沢をもっており、その名の通り、光を当てると体がキラキラと輝く。

昆虫というとカブトムシやクワガタムシ、トンボ、チョウといったものたちばかりがイメージされるが、小さな昆虫たちの巨大な世界は、じつはこういった体長1センチメートルにも満たない昆虫たちによってつくり出されているのだ。

## 一本の木の国

雑木林のなかにたたずむ一本のクヌギの木。荒々しく黒っぽい樹皮からしみ出した樹液には、スズメバチやカナブン、

クヌギの小さな住人（左：ヒメクロオトシブミ、右：ヨツボシケシキスイ）

クワガタムシ、カブトムシ、チョウといった巨大な昆虫たちが群がっている。また、幹の中にはカミキリムシの幼虫が宿り、枝では大きなガの幼虫が葉をおいしそうに食べている。クヌギの木はあたかも昆虫たちの酒場のような賑（にぎ）わいを見せている。

一見すると、大柄の昆虫たちばかりが楽しんでいるように見えるクヌギの木だが、よく見ると、樹液には体長1センチメートルに満たないケシキスイとよばれるコウチュウの仲間や、これまた体長5ミリメートルにも満たないようなショウジョウバエなどハエの仲間も集まっている。枝を見ると、汁を吸いに集まった体長数ミリメートルのアブラムシの仲間、アブラムシから甘露を得るために集まったアリの仲間、クヌギの葉に卵を産むためにやってきた体長5ミリメートルほどのオトシブミというコウチュウの

クヌギにできるタマバチの虫こぶ。左上から時計まわりに、クヌギエダイガフシ、クヌギハケツボタマフシ、クヌギエダタマフシ、クヌギハマルタマフシ、クヌギハナワタフシ、クヌギハケタマフシ



仲間、枝に虫こぶをつくって暮らしているタマバチやタマバエなどがいて、小さな昆虫たちにも大盛況となっている。

たとえば、タマバチやタマバエによってクヌギにつくられる虫こぶを見てみよう。虫こぶの形は虫ごとに違っていて、それぞれに名前がつけられている。クヌギの葉にはクヌギハケタマフシ、クヌギハケツボタマフシ、クヌギハウラシロケタマフシ、クヌギハマルタマフシなど、10種類以上もの虫こぶがつくられる。虫こぶがつくられるのは葉だけではない。クヌギの花にはクヌギハナワタフシ、実にはクヌギミウチガワツブフシ、枝にはクヌギエダイガフシ、根にはクヌギネモトタマフシと、クヌギには全部で30種類を超える虫こぶがつくられるのだ。一本の木に複数の種類の虫こぶが同時に見つかることも珍しくない。たった一本のクヌギの木が、虫こぶをつくる昆虫たちにとってもかけがえのないよりどころとなっているのだ。虫こぶをつくる昆虫はもちろん、虫こぶの中のタマバチやタマバエに寄生する寄生バチたちもいることを考えると、一本の木のすみかとしての重要性は途方もなく大きいことが想像できる。

昆虫たちが最もたくさん生息しているとされる熱帯雨林での調査によると、一本の木に１７００種、１万２０００頭を超える昆虫とクモが生息していたという。ほかにも、２８００種以上２万４０００頭もの昆虫やクモの仲間が10本の木だけから採集されたという報告もある。人にとってみれば何気ない一本の木でも、昆虫たちにとってはひとつの国のように、かけがえのないよりどころになっているのだ。

## 落ち葉の下の住人

落ち葉の降り積もった森の中を歩くと、足元でぴょこぴょこと跳ねているものたちがいる。トビムシとよばれる昆虫だ。トビムシは名前の通り、高く跳ね上がることができるのだが、バッタやノミのように後ろ足が発達しているのではなく、しっぽのよ

**落ち葉の下の住人、トビムシ**



うな器官（跳躍器）を使って跳ねている点で違っている。これまた体長数ミリメートルのものがほとんどなので、よほど意識していないと目に入らないかもしれないが、じつは想像以上の数のトビムシたちが落ち葉の下で暮らしている。たとえば、ある調査では縦5センチメートル横5センチメートル深さ5センチメートルの土壌の中に、平均して8～22種のトビムシが見られたという。種数だけでもこれだけなので、その個体数といえば計り知れない。たった一歩踏み出したその足の下にどれくらいのトビムシがいるというのだろう、と考えると森もうかつに歩けない。

落ち葉の下には、まだまだ知らない昆虫たちが暮らしている。そのひとつがアリヅカムシだ。その種数はなんと、知られているだけでも9000種以上というから驚きだ。体の大きさはアリほどしかないものの、顕微鏡下で見る姿は、ヒョウタンのような形をしたもの、アリに似て体が細いもの、触角がやたらと大きいものなど、驚くほど変化にとんでいる。

カマアシムシ、コムシという虫たちも落ち葉の下で暮らす仲間だ。アリヅカムシはコウチュウの仲間なので間違いなく昆虫の部類に入るのだが、トビムシ、カマアシムシ、コムシの仲間はあごの部分が頭から外に突き出していない点で他の昆虫と違っているとして、昆虫とは別物として扱うこともある。ただ、これらの虫も6本の足をもっている点は同じで、広い意味では昆虫の仲間だ。一方、落ち葉の下の虫といえば、ダンゴムシも欠かせないが、6本どころか14本も足があり、もちろん昆虫ではない。

## 顕微鏡でのぞく宝箱

森に仕掛けられた昆虫捕獲用のトラップ。マレーズトラップとよばれるテントのようなこのトラップのいちばん上には、保存液の入ったボトルが取りつけられている。

昆虫学者の宝探し



飛んできた昆虫が幕にぶつかり、テントを登っていくと、ボトルの保存液に落ちて捕獲されるという、シンプルな仕組みだが、ハチの仲間などを中心に、大きいものから微小なものまで、思いもかけない昆虫が採れるすぐれものだ。捕獲した昆虫たちが入った保存液を研究室へと持ち帰り、目で確認できる大きめの昆虫を取り分けてから、昆虫学者の宝探しが始まった。顕微鏡の下に薄皿をしいて、そこに獲物の入った保存液を注ぎ、ピンセットを使って小さな昆虫を取り分けていく。「おっ!」「これは!」。目を輝かせながら手を動かす昆虫学者。あっという間に数時間が過ぎていく。ボトル一本分の獲物のなかに、いったいどれだけの数の宝物が埋まっていたのだろう。取り分け終えた昆虫学者の顔は疲労と喜びに満ちていた。

# 第4章● 昆虫学者、人を見て虫を見る

昆虫を通して世界を見ている昆虫学者にとっては、人の営みも違って見えているのかもしれない。

# 外から来たもの
# カ

ヒトスジシマカ（ハエ目：カ科）



人の血を吸う嫌われもの、カ。ただ不快なだけではなく、病原菌を運んで人を病気にすることもある。カをはじめ、人にとって害をなす昆虫は害虫とよばれている。なかにはわざわざ外国から入ってきて害虫となる昆虫もいるらしい。迷惑な話だが、どうやらその原因も、多くの場合、人にあるようだ。そもそも害虫かそうでないかは人が決めつけているだけで、昆虫たちはあくまでその本能に従って暮らしているだけなのだから、昆虫からしてみれば迷惑な話なのかもしれない。

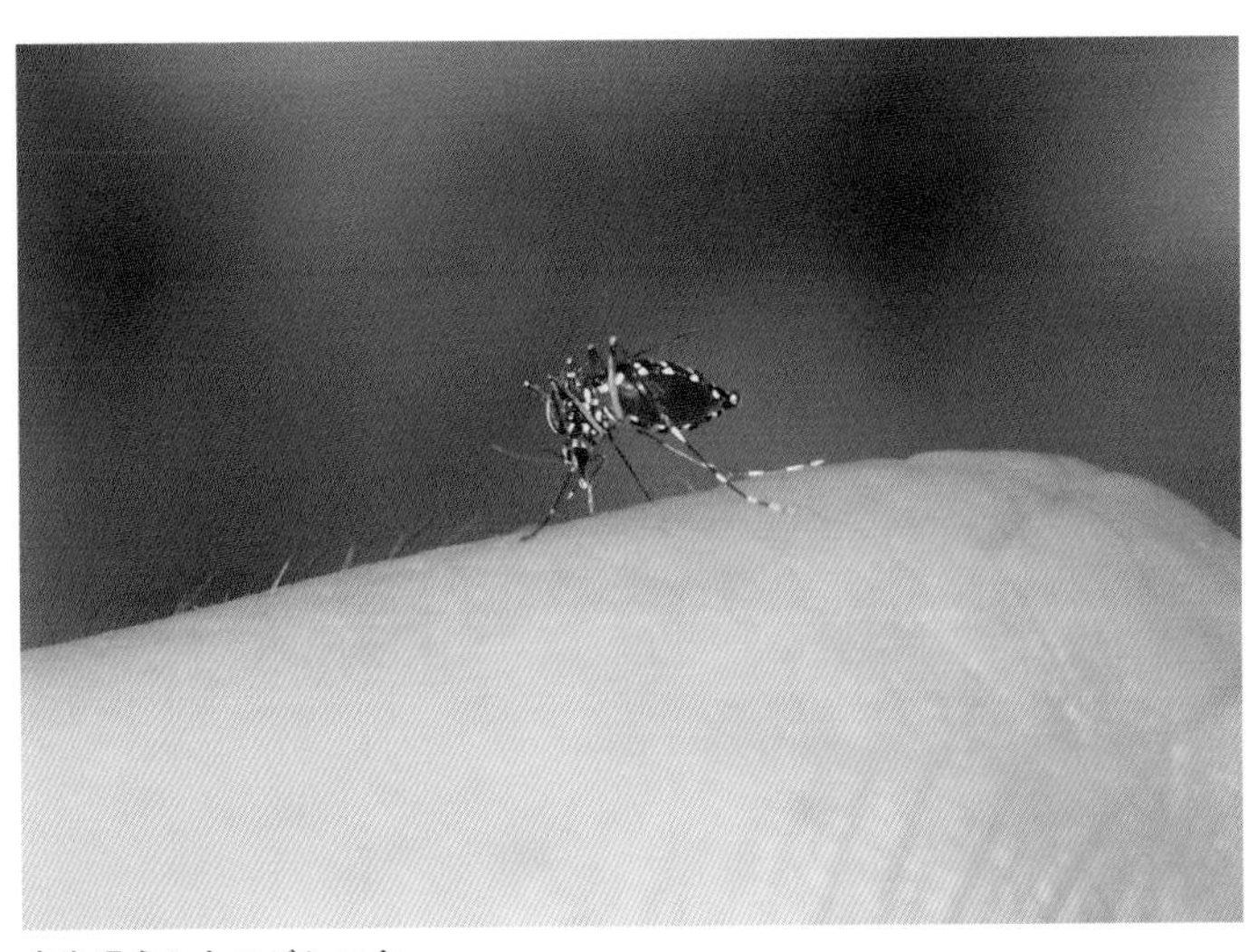

**血を吸うヒトスジシマカ**



## 嫌われものを知る

夏の夜。窓を開けてくつろいでいた昆虫学者の耳元で、一匹の虫がささやき始めた。カだ。カを見つけるなり手を広げて構え、たたくのかと思いきや、ふわりと握ってカを手の中に閉じ込めた。そっと手を広げ、おとなしくなったカを眺める昆虫学者。「ほら、縞模様が入ってるでしょ。これがヒトスジシマカ」。頼んでもいないのに、横にいた息子に解説を始める。「この縞がトラっぽいから、英語ではタイガー・モスキートってよばれてるんだって。カッコいいよね」。そう言われたらどんな姿をしているのか少し気になる。「まあでも、もともとアジアにいたやつが、今じゃアメリカとかヨーロッパにも広がって迷惑がられてるらしいけどね」。そうなんだ、とうなずく息子。「ちなみに血を吸うのはメスだけで、卵を産むための栄養補給らしいよ。オスは花の蜜とかを吸ってるんだって」。ひと通りのお勉強を終えた後、昆虫学者は窓の外で手を開いてカを見送った。嫌われものの昆虫にもまっすぐ向き合うのが昆虫学者だ。向き合うのはいいが、息子はというと、むやみにカをたたきづらくなって戸惑うのであった。

## はてなき害虫とのたたかい

害虫。ときに人は昆虫をこのようによんで、嫌ってきた。当然のことながら、害虫というのは人から見た場合のよび方であって、害虫とよばれる昆虫であっても、決して絶対的な悪の軍団などではない。多くの悪役に悪となった背景があるように、害虫とよばれる昆虫も、たまたまその生態が人にとって都合が悪かったために悪役とされているに過ぎないのだ。とはいえ、害虫とよばれてきた昆虫は数多い。なぜ彼らは悪役にされてしまったのだろう。

カはいちばん身近な害虫とされる昆虫のひとつだ。カをはじめ、ノミやシラミなどの昆虫は衛生害虫とよばれ、人の血を吸い、単にかゆみを引き起こすだけでなく、ときには深刻な伝染病を人の体内に運んでしまうこともある。カが媒介するデング熱やマラリア、ノミが媒介するペスト、シラミが媒介する発しんチフスなど、いずれも人が感染すれば重症化し、死にいたることもある危険な病気だ。中南米のカメムシ（サシガメ）の仲間が媒介するシャーガス病、アフリカに生息する小さなハエ（ツェツェバエ）の仲間が媒介する眠り病なども有名だ。ハエのなかには、病気を運んでこずとも、人の皮膚に潜り込んで寄生するもの（その名もヒトヒフバエ！）も知られている。

こういった昆虫たちは、人に限らず、人が食料や毛皮を得るためなどに飼育している牛や馬、鶏、羊のような家畜動物にも病気を媒介したり、寄生したりすることもある。いずれの昆虫たちも、栄養を得るために血を吸ったり、寄生をおこなったりするのであり、そこには生き残りをめぐる容赦のない争いが発生する。なので、人にとって身近な昆虫は、人が暮らしていくうえでは避けることができない敵ともなっているのだ。

害虫といえば、農業害虫とよばれる昆虫たちも外せない。米や小麦などの穀物にしても、キャベツやニンジンなどの野菜、リンゴやミカンなどの果物にしても、人が畑

キャベツに群がるヒメナガメ

巣の幼虫を世話する
セグロアシナガバチ

や田んぼでつくる作物には、必ずといっていいほど虫たちが集まってくる。目的はもちろんエサとして食べるためだ。田んぼには、イネの汁を吸いにカメムシの仲間がやってくる。キャベツ畑には、葉をかじるアオムシや、汁を吸うナガメが群がる。ミカン畑では、ゴマダラカミキリの幼虫が木の幹の中を食べ進む。おいしそうな食事が一か所にまとめて並べられているのだから、それを食べる昆虫が喜んでやってくるのは無理もない。

とはいえ、こういった田んぼや畑では虫たちの発生を抑えるため、殺虫剤がまかれる。殺虫剤がまかれることで害虫とよばれる昆虫たちも一時的に姿を消すが、同時に、それを獲物としている寄生バチのような昆虫やクモなども姿を消す。殺虫剤の効果が切れるころには、外敵も少なく、エサも豊富な、レストランができあがるわけだ。このチャンスを見逃す昆虫がいるわけがない。人が作物をつくって食べ物を得ている以上、生き残るために昆虫との戦いは避けられないわけだ。

毒をもっている昆虫もやはり害虫として嫌われる。ガの幼虫や成虫の一部は体に毒毛をもっていて、これが人の体に付着すると、ひどいかゆみを引き起こす。また、ハチの仲間は毒針をもっていものが多いことから、やはり嫌われている。しかし、ガの

嫌われがちなカマドウマ



毒毛は身を守るためのもので、それを使って積極的に襲ってくることはないし、ハチが毒針を使うのは子育てのために狩りをおこなうときと、自分の身や巣を守るときだけだ。なので、それを知って気をつけていれば、こういった昆虫との無益な争いを避けることができる。アシナガバチやスズメバチとて、巣から離れたところでなら、驚かせない限り、積極的に刺してくることはない（もっとも、驚かせるつもりはなかったのに知らぬ間に驚かせて、刺されてしまうこともあるので、注意は必要だ）。

人を病気にするわけでも、田んぼや畑を荒らすわけでも、毒をもっているわけでもないのに、不快害虫なんてよばれている昆虫たちもいる。主に見た目が気持ち悪い昆虫などで、人目につきやすいものや大量発生するようなものがこうよばれたりする。虫嫌いの人にとっては、そもそもすべての昆虫が不快害虫になってしまうだろうことを考えると、昆虫にとっては何とも理不尽な話だが、虫嫌いの人にとっては深刻な問題であることに変わりはないのかもしれない。野外にいる昆虫とは、避けていればある程度出会わずに済ませることもできるが、家の中にまで侵入してくるものは避けようがない。黒光りする平べったい体、長い触角、すばやい動きで人々を恐怖のどん底に陥れることもあるゴキブリ、ツヤめいた体で、長い触角と足をもち、暗闇でうごめくキリギリスの仲間のカマドウマ、ときに大挙して押し寄せ、刺激的なにおいで悩ますカメムシ、食べ物や排水溝に湧くコバエたち。食べ物にひかれてきたもの、明かりに集まってきたもの、すみかを求めてきたもの、理由はそれぞれだが、昆虫にとっては人の家もまた森や林と変わらない自然環境の一部である以上、それを拒むことはできない。となると、広い心で受け入れない限り、これらの昆虫との争いは避けられない。もっとも、家の中に侵入する昆虫にはシロアリのように、直接的に家に被害を与えるものもいるので、寛容になりすぎると家を失うことにもなりかねない。

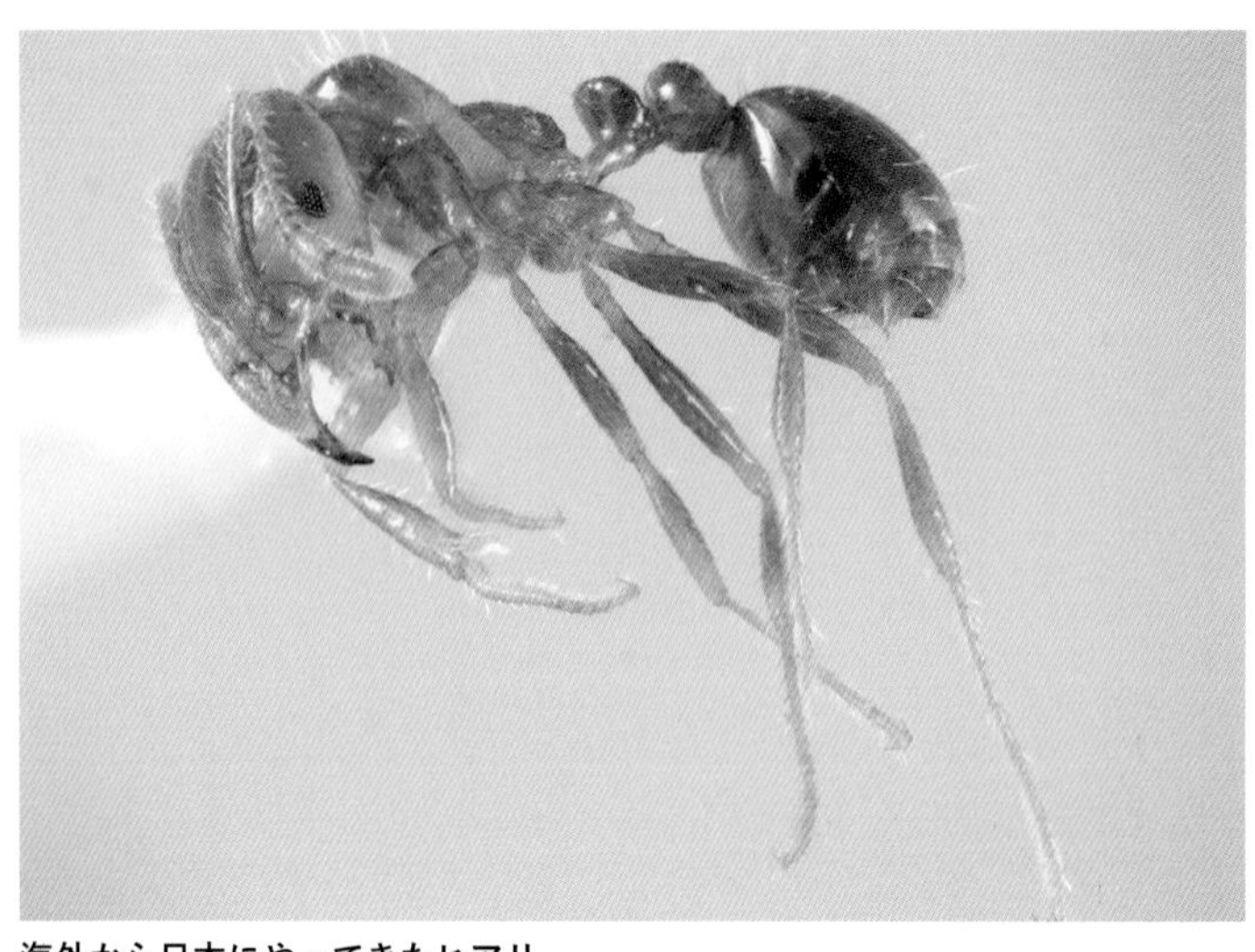

**海外から日本にやってきたヒアリ**



## 招かれざる来訪者たち

　チョウの仲間のように見ためがきれいだったり、テントウムシやミツバチのようにかわいらしかったり、役に立ったりするような、人にひいきされている一部の昆虫を除き、人の目につくようなところで大量発生する昆虫は、たいていの場合、害虫とよばれてしまう。ではどんな昆虫が人の目につくようなところで大量発生をするかというと、いろいろな場合があるのだが、そのひとつが、海外からはるばる海を越えてやってきた昆虫だ。

人間関係のしがらみを捨てて地元を離れ、新しい土地で大活躍する人がいるように、もともとその昆虫が住んでいた地域から遠く離れた地域にやってくると、もともとの地域より外敵が少なかったり、生活や子育てによりよい環境が整っていたりするために、新天地で大発生することが起こるのだ。

海外から日本にやってきたとされる昆虫は、外来昆虫とよばれている。あまり知られていないが、日本には２５０種を優に超えるほどの外来昆虫がすでに住み着いている。外来かどうかわかっていないものもおり、疑いのあるものも含めると、その数はさらに多くなる。たとえ住み着いていなくても、定期的に海外からやってきたものが発見されることもたくさんある。そういった外来昆虫のなかには、毒針をもったヒアリやツマアカスズメバチ、サクラやモモなどの木に被害を与えるクビアカツヤカミキリなど、人の健康や暮らしを脅かす可能性があるために、害虫として扱われているものも数多い。また、たとえ人によって害虫とされていなくても、もともと日本に住んでいた昆虫たちと食べ物や住みかを取り合ったり、食う食われるの争いが生じたりすることもある。

## 遠路はるばる日本へ

なかなか歓迎することができない外来昆虫たちだが、なぜはるばる日本へやってくるのかというと、どうやら彼らとて、来ようと思って来たわけではないようだ。昆虫たちの体は小さい。エサにくっついてぼんやりと食事をしていた昆虫、木の中に潜り込んで静かに暮らしていた昆虫、ちょうどよい場所を見つけてせっせと巣をつくっていた昆虫。そんな昆虫たちが、ある日突然、見たこともない日本にたどり着く。運んできたのは人間だ。もちろん人間だってわざわざ昆虫を運ぼうと思って運んできたのではない。運んだのは農作物や工業製品など、人の生活に使うものばかりだ。だが、体が小さいばかりに、農作物にとりついていた昆虫や、工業製品を運ぶための木製ケースに潜り込んでいた昆虫、農作物や製品を運ぶ巨大な船やコンテナに入り込んで巣をつくっていた昆虫たちや産みつけられた卵が、人に気づかれないままに運ばれてしまったのだ。見ず知らずの土地に運ばれた昆虫たちは多くの場合、生き残ることができないが、一部が運よく生き残り、さらに一部が新しい土地にうまく住み着いて、害虫とよばれるにいたってしまうのだ。つまり多くの場合、外来昆虫が日本にやってくる原因は人にあるようなのだ。

もちろん日本に限らず海外の国でも、外来昆虫とよばれている昆虫たちがいる。当然ながら、日本のものが海外の国に行けば、それはその国にしてみれば、れっきとした外来昆虫だ。たとえば、ヒトスジシマカはアジアからヨーロッパやアメリカに渡った外来昆虫で、国際的にも分布拡大が警戒されている。日本で道端にふつうに生息している草食性の小さなコガネムシであるマメコガネは、アメリカにたどり着いて大発生し、農作物に大きな被害を出している。また、2010年代に住み着いたツマアカスズメバチが日本で問題となっているように、アジアに生息する世界最大のスズメバチであるオオスズメバチがアメリカに侵入し、殺人バチとして危険視されている。南の暖かい地方にしか住めなかった昆虫が、温暖化によって住める地域が広がることも、外来昆虫を増やす要因になっているという。これらも結局は人が原因ということだ。

外来昆虫は基本的に人によって意図せず連れ込まれてしまうものが多いが、なかには、人がわざわざ連れ

いろいろな「モノ」と一緒にやってくる外来昆虫

外国産のノコギリクワガタ

込んだものたちもいる。日本でいちばん有名なものは、ハチミツをつくるために連れてこられたセイヨウミツバチだろう。また、カブトムシやクワガタムシのような一部の昆虫では、海外にしか生息しないような種類がペットとして次々と持ち込まれていたりする。これらが野外に逃げ出して住み着けば、たとえ人が善意で連れ込んだような昆虫であっても、日本にもとから住んでいた昆虫たちと食べ物や生息環境を取り合ったり、食う食われるの関係が生まれたりと、何か問題を引き起こすかもしれない。

もちろん自力でたどり着くものもいる。有名なのはウンカとよばれる小さなセミのような昆虫だ。トビイロウンカ、セジロウンカなどのウンカの仲間は中国大陸で発生し、上空の強い風に乗って飛ばされ、はるばる日本へとやってくることが知られている。ただそもそも、国境自体、人が勝手につくったものなので、自力でたどり着く昆虫にしてみれば、それで外来昆虫といって目の敵にされるのは迷惑な話なのかもしれない。

### 国内旅行も考えもの

見落としがちだが、たとえ同じ日本国内であっても、ある場所にいた昆虫が本来は自力ではたどり着けないような場所に運ばれてしまえば、運ばれてきた昆虫は外来昆虫と同じだ。これは、運ばれてきた場所に同じ種の昆虫が生息していたとしても問題となることがある。

有名なのはゲンジボタルという代表的なホタルの仲間だ。ゲンジボタルは西日本から東日本にかけて広く分布していて、初夏の夜を優しく瞬く光で彩る、日本の風物詩ともされる昆虫だ。そのためもあって、もともとたくさんいたゲンジボタルが減ってしまった地域では、ホタルを増やそうと、違う地域のゲンジボタルを連れてきて放してしまうことがある。だが、西日本のものと東日本のものでは、光ったり消えたりする間隔が違っているなど、見た目には同じホタルでも、性質が違うことが知られており、実際に遺伝子レベルでも異なっていることが判明している。たとえそれがゲンジボタルを復活させようとしてやったことだとしても、残念ながら外来昆虫を持ち込んだのと変わりない。もしかすると、もともとそこに住んでいた残り少ないゲンジボタルは、その影響で完全にいなくなってしまうかもしれない。もちろん、人の目にはゲンジボタルが増えて復活したように見えるが、じつはまったく違うものたちという、想像するとちょっと恐ろしくなることが起こってしまうのだ。

小さな昆虫たちにとっては、海はもちろん、川や山なども移動のハードルとなる。山の向こうとこちらでは、見た目は同じ昆虫でも、性質が異なっているなんてこともある。捕まえた昆虫を安易に違う場所で放したりすると、それだけでも外来昆虫として何らかの影響を与えかねないのだ。

西日本と東日本では光る間隔が違う

**森に住むモリチャバネゴキブリ**



## 家にやってきた虫たち

枯れ葉の積もった森の中を歩く昆虫学者と助手の学生。ふと、足元の枯れ葉の隙間を逃げ惑うように移動する昆虫に目をとめた。「これって何の虫ですか？」「ああ、モリチャバネゴキブリだね。森とか草原だけにいる、かわいらしいやつらだよ」「へー。そうなんですか」と、気に留める様子もなく、歩みを進める助手。

あくる日、研究室の炊事場にとどろく悲鳴。駆けつけると、そこには殺虫スプレーをもった助手の姿。「先生、この前のゴキブリが！」。だが昆虫学者は落ち着いている。「いやいや、そんなはずはない。よく見て。これはチャバネゴキブリといって、アフリカから世界に広まったっていわれている外来昆虫だよ」「外来だろうがなんだろうが同じです！」。そう言い放ってスプレーを噴射する助手。外で見かけたゴキブリは何の気にも留めなかったというのに。どうやら人は、外から入ってきたものをとにかく嫌うようだ。逆に考えれば、ゴキブリが苦手という人であっても、本当はゴキブリが嫌いなのではなく、家という自分の領域に入ってくるのが苦手なだけで、案外、家の外ではゴキブリとも仲良くやっていけるのかもしれない。そう思えば、嫌われものの昆虫たちとの共存の道にも、明るい未来が見つかりそうな気がしてくる。

# 食うか学ぶか　バッタ

ツチイナゴ（バッタ目：イナゴ科）



イナゴのつくだ煮など、バッタ類をはじめとする昆虫は、貴重なタンパク源として人に食べられることがある。また、昆虫は食べるだけではなく、人の暮らしをより豊かにするためにも利用される。シルクの生産やハチミツづくりは、古くから続く、人による昆虫利用の形態だ。他にもさまざまな面で昆虫は身近な材料として人に利用されてきた。もし昆虫たちが身近な存在でなかったら、当たり前と思っている今の暮らしも、まったく違ったものになっていたかもしれない。

**トノサマバッタ**



## 草原のエビ

季節が秋に差しかかったころ、風に揺れる河川敷の草地では、トノサマバッタやイナゴといった、たくさんのバッタの仲間が飛び跳ねていた。そんなバッタを見ながら、「バッタって食べられるんだよね」と、昆虫学者を志す貧乏学生が、横を歩いていた友人につぶやく。友人は黙ってうなずく。「昆虫ってエビとかカニの仲間に近いから、油で揚げて食べると似たような味がするんだよね」「……そうか」「タンパク質とか栄養も豊富で、飼育もしやすいから、将来の食料確保にも期待されてるらしいんだ」。どうやら学生はバッタを通して人類の未来の食料事情を案じているようだ。「……甲殻類アレルギーで虫嫌いのオレには、恐怖の未来しかないなぁ」。

## 敵を飲み込む

数あるバッタのなかでも、トノサマバッタの仲間はときに大量発生して、群れをつくり、あたりの植物を食い荒らしながら移動することがある。この大群にかかれば、人が育てた農作物など、あっという間に食い尽くされてしまう。古くから世界中で人とバッタの戦いは繰り広げられてきたが、基本的に、たたかいとは名ばかりの、バッタの一方的な勝利に終わっている。それは現代においても同じで、殺虫剤は効くには効くが、あまりの大群になると抑え込むのは難しいし、殺虫剤を大量にまくことで引き起こされる環境への影響のほうが懸念される事態となりかねない。

アフリカからインド西部にかけて生息するサバクトビバッタは、そういった大発生を起こす有名なバッタのひとつで、その被害は旧約聖書などにも記録されている。国連のFAO（食糧農業機関）によると、1平方キロメートルあたり4000万匹以上にもおよぶ密度で、数百平方キロメートルにもわたる群れをつくることもあるそうだ。あまりに巨大な群れをつくるため、その野外生態にはわかっていないことも多い。被害は甚大で、1平方キロメートルの群れが一日に食べる重量は、人ひとりが一日に食べる重量の3万5000人分にあたるという計算もあるらしい。サバクトビバッタに限らず、日本や中国など東アジアに生息するトノサマバッタも大発生することが知られていて、やはり大規模な被害をおよぼしてきた歴史がある。

だが、人も大事な農作物をただただ食われるばかりではいられない。サバクトビバッタやトノサマバッタが生息する地域の国には、このバッタを食用としている国もある。食べ方はさまざまで、塩ゆでにしたり、油で揚げたり、乾燥させて保存食としたり、粉にして小麦粉などに混ぜて食べたりもするそうだ。豊富なタンパク質と脂質、カルシウムなどのミネラルを含むため、ごちそうとして大事にされていたりもする。

日本にもトノサマバッタは生息しているが、日本の場合、食べるバッタといえば、イナゴのほうが有

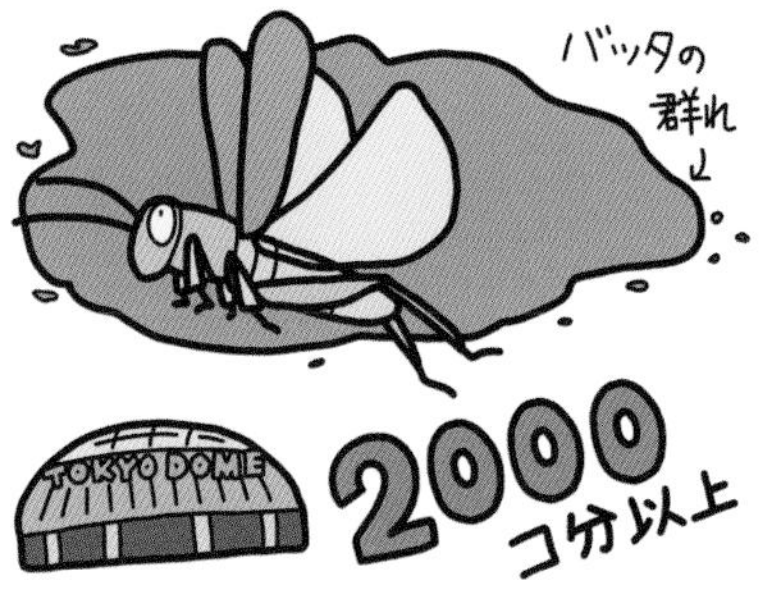

**東京ドームとサバクトビバッタの100平方キロメートルの群れを比べると**

名だろう。ひと口にイナゴといっても、コバネイナゴ、ハネナガイナゴなどいろいろな種類がいるが、よく食べられているのはコバネイナゴだ。串刺しにして焼いたり、佃煮にしたりと、さまざまな調理法を駆使して食べられている。イナゴのイナは稲であり、名前の通り稲の害虫としても知られているので、イナゴを捕まえて食べるのは、日本人にとっては、米は守れるし、おかずは手に入るしで、いいことづくめだったのかもしれない。

## 昆虫が並ぶ食卓

バッタやイナゴだけではなく、とにかく人はいろいろな昆虫を食べているようだ。トンボだって油で揚げて食べるし、カミキリムシだって幼虫を焼いて食べる。イモムシだって炙(あぶ)って食べるし、ハチの子だって食べる。獰猛(どうもう)な肉食昆虫であるタガメですら、その芳醇な香りを求める人によって食材となる。食材でなくとも、栄養剤として食べられる昆虫も多々ある。

たいがいの場合、昆虫は無尽蔵に湧いてくるかのように自然界にたくさんいたし、食材としての需要もそこまで高くなかったので、人が食べる分をわざわざ魚のように

ほっそりとしたスタイルのミズアブ

養殖することは少なかったようだ。その一方で、家畜や養殖魚、ペットのエサなどに使う目的で、一部の昆虫は養殖されていたりもする。ペットショップなどでトカゲのエサ用として売られているコオロギも養殖されたものだ。特に飼いやすく増えやすい昆虫は、将来有望な養殖昆虫として、その有効利用に関する研究も進められている。

たとえば、アブの仲間のアメリカミズアブもそのひとつだ。一匹のメスが数百もの卵を産み、それらが2センチメートル以上の立派な幼虫となる。生ごみや食品廃棄物などをエサにして育てることができるので、環境にも負担をかけず、無駄なく簡単に増やすことができる。この幼虫を乾燥させて粉末にしてしまえば、家畜や養殖魚の栄養豊富なエサとなるし、畑にまけば肥料にもなるわけだ。

もちろん、養殖昆虫はそんな用途以外に人間の食用としても注目されており、実際にコオロギを乾燥させて粉末にしたものなどが食用として商品化されているようだ。

人の食への探求が果てしないことはよく知られているが、食べるのは昆虫だけではなく、昆虫がつくり出すものにもおよんでいる。ハチミツはミツバチがつくる保存食で、花の蜜を材料にした甘い液体だ。紀元前6000年ごろにはすでにミツバチの巣からハチミツを採っていたといわれており、紀元前2500年ごろの古代エジプトでは、ミツバチを飼育してハチミツを得る、いわゆる養蜂がおこなわれていたと考えられている。

## 昆虫でモノづくり

大害虫ともごちそうともなるバッタのように、人は昆虫を通して自然の厳しさと恵みを受け取ってきた。昆虫を通して得られる恵みは食べ物だけではない。人の生活のあらゆる面に昆虫の恵みは生かされている。

ハチミツと並んで、人による最も古い昆虫利用として知られるのが、シルク（絹）の生産だ。シルクの材料は、カイコガというガの幼虫が、さなぎになる際につくる繭だ。これを煮てほぐし、ほどいて束ねることで、生糸とよばれる糸になる。これを使って織物をつくれば、独特の光沢感をもった、軽くて丈夫な服をつくることができる。紀元前の中国が起源とされており、アジアからインドや中近東を経て、ヨーロッパへとつながる交易の道に沿って、その技術が広まっていったとされている。この道がいわゆるシルクロードだ。今や、ハチミツをつくるためのセイヨウミツバチとシルクをつくるためのカイコガは、世界中のいたるところに持ち込まれ、利用されており、家畜昆虫とよばれるほど、人の暮らしと密接な存在になっている。

同じく養殖によって利用されてきた昆虫として有名なのが、中央アメリカなどに生息していたコチニールカイガラムシというカイガラムシの仲間だ。カイガラムシの仲間は、果樹のような植物の汁を吸うため農業害虫として嫌がられることもある昆虫だが、コチニールカイガラムシの場合はサボテンの汁を吸うので、その心配はない。人が目をつけたのは、このカイガラム

カイコの繭から糸

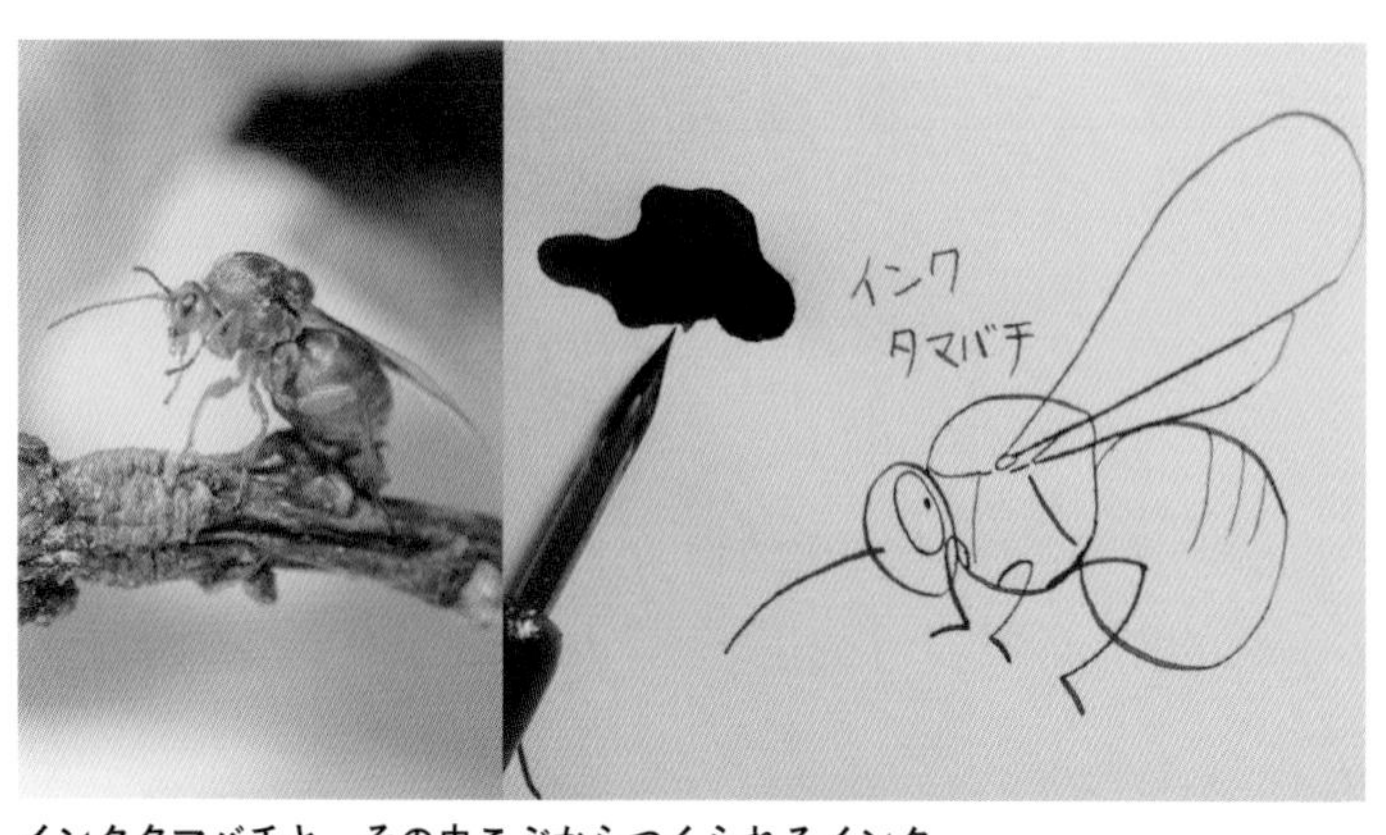

**インクタマバチと、その虫こぶからつくられるインク**

シをつぶしたときに出てくる真っ赤な体液だ。赤い体液というと、血のように思えてしまうが、昆虫は人と違って赤い血は流さない。この色は体内に含まれる赤色の色素によるものだ。このカイガラムシを乾燥させて、すりつぶして粉にしたものを、服の染色、化粧品や食品の赤色天然色素として利用するのだが、一匹のカイガラムシの体内に含まれる色素はたかが知れている。1キログラムの染料をつくるのには10万頭近くのコチニールカイガラムシを必要とするそうで、安定して確保するためには養殖が欠かせないわけだ。

色の利用という点で有名な昆虫としては、かつてヨーロッパで大量に利用されていたハチが挙げられる。インクタマバチとよばれるハチだ。といっても使われていたのは、ハチそのものではなくて、このハチがオークの枝につくる虫こぶのほうだ。インクタマバチは直径5センチメートルほどにもなる球形の立派な虫こぶをつくる。この虫こぶをすりつぶして、鉄と混ぜると、虫こぶの中に高濃度で含まれているタンニンが化学反応し、黒っぽい色になる。これに樹脂で粘性をつければ、文字を書くのに欠かせない、インクができあがるのだ。インクタマバチとよばれる理由はまさにここにある。中世ヨーロッパでは公文書の記述などにもこのインクを使うことが義務づけられていたくらい、一般的に使用されていたようだ。この虫こぶは中東が主な産地で、シルクロードを通って、ヨーロッパに大量に運び込まれたとされている。そして同じく、この交易路を通じてアジアにもこの虫こぶは届いており、日本の東大寺の正倉院にも残されているそうだ。インクタマバチの虫こぶでつくる青みがかった黒色のインクは、かつてほど一般的な利用はされていないが、現在でも愛好家によって利用されている。

## 昆虫の性質さえ使う

食べ物に使うは、材料に使うは、人はとにかく昆虫を何かに使おうともくろんできたようだ。昆虫を害虫とよんで目の敵にしている農作物生産にすら、味方となる昆虫を見つけて利用する始末で、たとえば、リンゴやナシのような果物の生産にも昆虫の力を借りている。植物が実をつけるにはふつう、花のおしべでつくられる花粉が、花のめしべに運ばれ、受粉する必要がある。風によって運ばれるものもあるが、この花粉をおしべからめしべへと届ける仕事を主に担うのが昆虫たちだ。もちろん昆虫たちは植物のために、ましてや人のために働いているわけではなく、あくまで蜜や花粉を食べ物として得るために、花から花へと飛び回っているだけではあるのだが、もし昆虫たちがいなくなれば、リンゴもナシも、そのままでは実らなくなってしまうのだ。

さまざまな昆虫が、花粉を運ぶことで知られている。いちばんよく知られているのは、ミツバチをはじめとするハナバチとよばれるハチたちだ。ハナバチには、ミツバチのほかにも、クマバチ、マルハナバチ、ハキリバチ、ヒメハナバチ、コハナバチなどの仲間がいて、体長2センチメートルを超えるような大きなものから、5ミリメートル程度の小さなものまでいる。花の大きさや形は植物ごとにさまざまだが、それぞれにぴったりの大きさのハチがいるわけだ。ハチ以外には、チョウやガの仲間、ハナアブとよばれるハエの仲間など、花を訪れるさまざまな昆虫が植物の受粉を手助けしている。嫌われもののスズメバチやゴキブリ、カマドウマでさえも、ある特定の植物

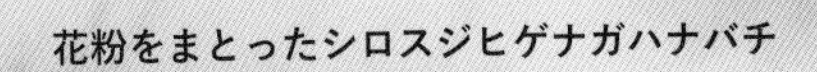

花粉をまとったシロスジヒゲナガハナバチ

花粉団子を運ぶセイヨウオオマルハナバチ

では花粉を運ぶ役割を担っていることが明らかになっている。

とはいえ、野生にいる昆虫だけで、畑にある大量のリンゴの花を受粉させ、実らせるのは大変だ。確実に実ができるように、人工的なハチの巣を畑に設置して、花粉運びを手伝ってもらったりもする。リンゴ畑で活躍するのは、マメコバチとよばれるハキリバチの仲間だ。ミツバチよりもやや小さな体は、リンゴの花にもぐって花粉を運んでもらうのにもってこいだ。また、ビニールハウスの中で育てられるトマトには、マルハナバチの仲間のセイヨウマルハナバチやクロマルハナバチが使われている。マルハナバチが花を訪れ、花を揺らすことで受粉が促される仕組になっている。

他にはどんな使われ方があるだろう。たとえば、畑の農作物を食い荒らす昆虫を防ぐのにも昆虫が使われたりする。害虫となる昆虫をエサとしたり、寄生したりする天敵昆虫によって、その発生を抑えるというものだ。うまくいけば化学合成された殺虫剤の使用量を減らすことができるので、より安心な農作物をつくることができる。飼育法が確立され、製品化されている天敵昆虫もいて、アブラムシに寄生する寄生バチや、アブラムシを食べるテントウムシ、アザミウマを食べるカメムシなどが実際に販売されている。また、製品化された昆虫を使用せず、もともとその土地に生息してい

死体などに集まるシデムシ（死出虫、左）とエンマムシ（閻魔虫、右）



る天敵昆虫の活動を高めて利用するという取り組みもなされている。

昆虫が警察の捜査を助けることもある。動物の死体にはハエの仲間をはじめ、さまざまな昆虫が集まってくる。これは人の死体の場合も同じで、集まっている昆虫の種類や、そこで生まれるウジなどの発育状況から、死亡推定時刻や死亡した場所の情報などを得ることができる。日本ではまだまだ研究段階だが、アメリカなどでは実用化されている。

## 昆虫をマネる

昆虫をそのまま役立てることにとどまらず、ついには昆虫のマネをすることで、人はその力を手に入れようとしている。たとえば、コウチュウの羽だってマネすれば役に立つ。カブトムシやカナブンなど、コウチュウとよばれる昆虫たちは、4枚ある羽のうち、前の2枚を硬くして、体を守る防具とし、後ろの羽はその下に上手に折りたたんでいる。硬い羽は空を羽ばたくには適さないので、飛ぶときに主に使うのは後ろの羽だ。なので、コウチュウの仲間の後ろ羽は、コンパクトにたたんだ状態から、絡まることなく、すばやく広げることができるよう、折りたたみ方が工夫されている。この折りたたみ方をマネすれば、移動時には小さくコンパクトにたたんでおくことができ、使うときにはすばやく広げられるものをつくれるかもしれない。折りたたみ傘のような小さなものから、人工衛星のような大きなものまで、可能性は無限大だ。

**コウチュウの羽の展開機構を人工衛星の太陽光パネル展開に応用？**

　同じくコウチュウの仲間であるタマムシや、カブトムシなどと一緒に見つかるカナブンの羽は、ニスを塗ったような金属光沢をもって輝いていて、その色は見る角度に

ツヤツヤのカナブン

2メートルにもなるアリ塚

よって変わる。これは構造色といって、体の表面の微細構造によって光が干渉することでつくり出されているため、たとえ標本になっても色あせることはほとんどない。これをマネすれば、色あせない繊維や塗装技術に生かせるかもしれない。

ある種のトンボやセミなどの羽には、抗菌作用があることがわかっている。羽の表面に抗菌剤が塗られているわけではなく、肉眼では見えないほど小さな突起が等間隔に並んでおり、くっついた細菌を物理的に切り裂いてしまうのだという。これをマネすれば、抗菌剤のような薬を使わないで抗菌加工ができるかもしれない。

昆虫だけではなく、昆虫がつくるものだってマネしている。たとえば、ミツバチの巣穴のような六角形が敷き詰められた構造（ハニカム構造という）は、衝撃吸収や断熱効果があることが知られているし、ある種のシロアリがつくるアリ塚とよばれる、ときに数メートルの高さにもなる巨大な巣は、巣の中が熱くなりすぎないよう空調効果がある構造をしているものがある。実際にハニカム構造を利用した製品は数多く出回っているし、空調効果の高いシロアリの巣の構造をマネてつくられたビルも存在するらしい。

## 敵をなくし、味方をうしなう

「今年もバッタたちが元気だなぁ」。河川敷を歩きながら昆虫学者が安心したようにつぶやいた。河川敷にむせ返るほどいたバッタたちも、やがて冬が来るころには姿を消すことになる。だが来年も同じように姿を見られるとは限らない。それは自然にそうなる場合もあれば、人が手を下したことで、そうなる場合もある。

かつて北アメリカに生息していたロッキートビバッタというバッタの仲間は、サバクトビバッタのように巨大な群れをつくることで知られていた。その規模はギネス世界記録にも掲載されたほどで、19世紀、最大時の群れの頭数は12兆5０００億匹にも及んだと推定されていたほどだったが、今から１００年以上前には姿が見られなくなり、現在では絶滅したとされている。その原因は諸説あるが、じつはこのバッタは、最終的には大群になるものの、ある時期の繁殖地は限られており、そこが人の手によって開拓されたことでいなくなってしまったともいわれている。昆虫がたくさんいるからといって、いつまでも同じようにいるとは限らないのだ。

昆虫はときに敵として人に立ちはだかるが、昆虫がいなくなれば昆虫を通して得ていた自然の恵みも受けられなくなってしまう。そうなれば、昆虫の研究を仕事にしている昆虫学者など無用の長物だ。そうならないことを願いつつ、昆虫学者は今日も研究室へと足を運ぶ。

# 昆虫採集の林から
# カブトムシ

カブトムシ（コウチュウ目：コガネムシ科）



昆虫採集の人気者、カブトムシ。立派なツノが人気の秘訣だが、ツノがあるのはオスだけで、メスとなると人気も下降気味だ。立派なツノをもったオスのカブトムシを見つけ出すことはもちろん、目当ての昆虫を捕るには、その昆虫の生態をよく知ることが肝心だ。何度も採集を繰り返すことで、目当ての虫の生態だけでなく、周りの植物や他の虫や生き物はどうかといった、自然を見る目が身についてくる。そうなるともう、小さな昆虫や隠れた昆虫さえ見つけ出すのは簡単だ。昆虫採集は昆虫を通して自然を学ぶ最も身近な入口となるのだ。

## たくさん採れるカブトムシのメス

昆虫採集にデビューした虫採り小学生。8月のお盆休みを利用してカブトムシ採集にやってきた。樹液の出ているクヌギやコナラを探し歩き、ようやくカブトムシのメスを見つけた。とはいえ、カブトムシといえばやはり、カッコいいツノをもったオスを採るまでは満足できない。あきらめずに探すものの、見つかるのはメスばかり。「もうオスは全部採られちゃったのかもしれないね」。肩を落とす虫採り小学生を、一緒に採集に来た両親がなぐさめる。そこに一人の昆虫学者が現れた。「これ、よかったら」。怪しむ両親をよそに、昆虫学者が手にしたバケツの中から差し出したのは、一匹のオスのカブトムシだった。「今くらいになってくると、立派なオスは採れなくなってくるからね。もうメスとかちっちゃいオスばっかりよ。ほら、ツノとかだけ落ちてるでしょ？」。そう言って指さした先には、たしかにバラバラになったカブトムシのツノや足が転がっていた。

## カブトムシハンター

日本の夏のいちばん人気の昆虫ともいえるカブトムシは、じつは小学生が夏休みに

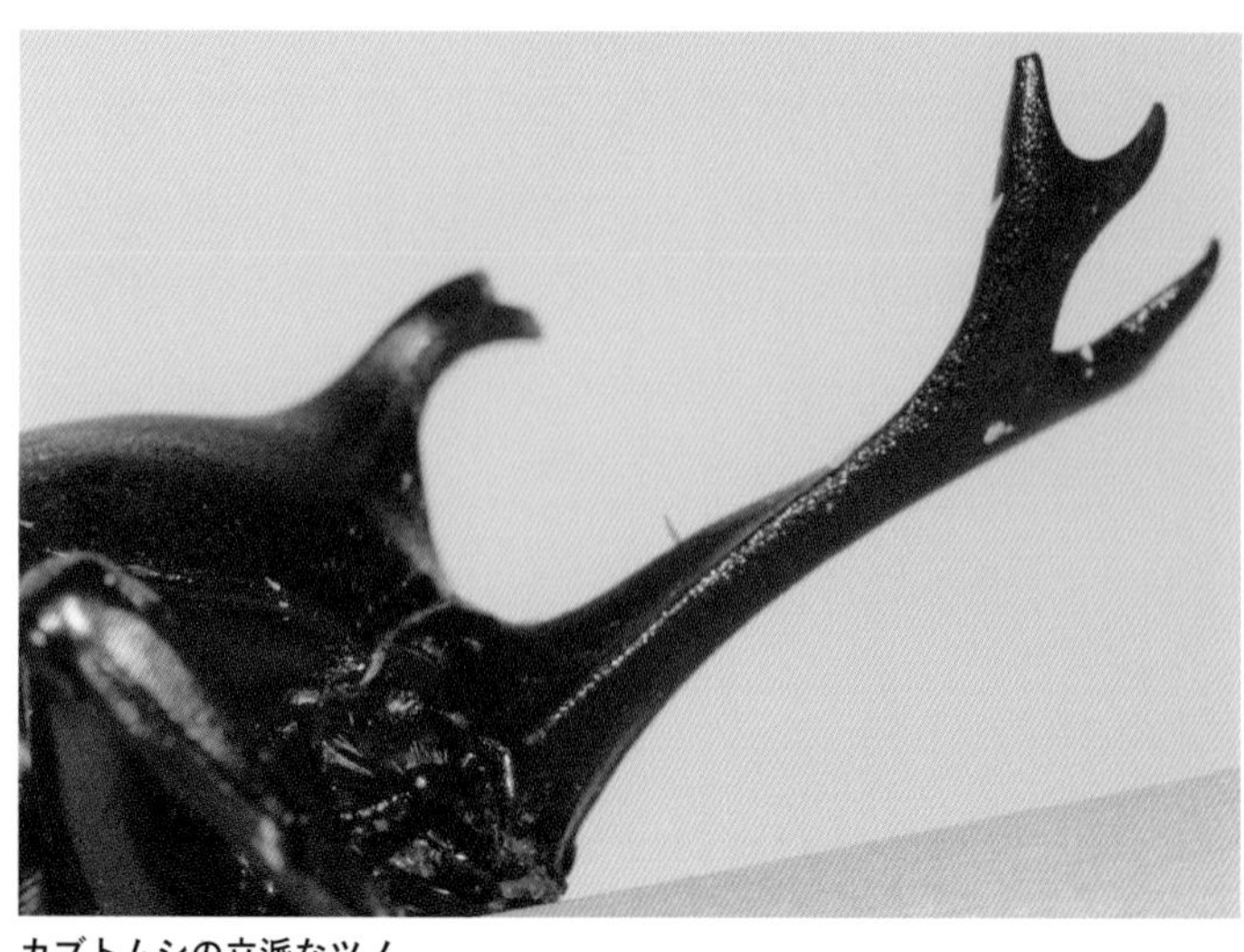
**カブトムシの立派なツノ**



入るより少し前の、6月から7月にかけて多くの成虫が土の中から姿を現す。大きく頑丈な体をもち、立派なツノをもったオスはいかにも強そうだが、その敵は多い。天敵となるのは、タヌキやカラスだ。カブトムシは夜行性なので、同じく夜行性のタヌキにとっては絶好の獲物となるらしい。ある調査では、天敵に襲われ、バラバラになったカブトムシの羽の6割以上に、タヌキに食べられたと思われる歯型のような小さな穴が残されていたという。獲物になりやすいカブトムシには傾向があって、オスとメスではオスのほうが多く襲われており、さらにオスのなかでも長く立派なツノをもったもののほど、タヌキやカラスの餌食となっているらしい。
　長く立派なツノをもった強いオスは、樹液の出たエサ場で他のオスを追いやり、長くその場にとどまることができるわけだが、その代わり、天敵であるタヌキやカラスには見つかりやすくなってしまうようだ。逃げるときにも、タヌキやカラスが相手では、大きなツノはジャマにしかならない。そんなこともあってか、立派なオスが野外で見られる時期は意外と短く、カブトムシが寿命を迎え始めるお盆ごろには、そういったオスは少なくなってしまうようだ。

　お盆休みにカブトムシを探しても、メスとか小さなオスしか見つからないのは、そんなことも理由にあるのかもしれない。もちろん、立派なツノをもったカブトムシが虫採り小学生のターゲットとなるのは言うまでもないので、カブトムシのオスが人里で生き残るのが大変だということは想像に難くない。

エサ場に勝ち残ったカブトムシの末路は……

## きどったカブトムシ

今やカブトムシは、夏になればホームセンターなどでも買えるし、インターネットでちょっと調べれば、どんなところで採れるかといった情報も手に入ってしまう。だが、木にとまっている姿を自力で見つけ出して採った、つまりきどった（木採った）立派なカブトムシには、何物にも代えがたい魅力があるはずだ。

大きくて立派なオスがいち早くいなくなってしまう以上、そんなカブトムシを採りたいなら、まずはカブトムシの成虫がいつごろ土の中から出てくるかを知っておく必要がありそうだ。ただし、それだけでは狙いのカブトムシは採れない。どんなところにたくさんカブトムシが集まっているかも知らなくては、目指す立派なオスに出会うことはできない。カブトムシが集まる場所といえば、やはり樹液が出ている木となるわけだが、どんな木でもいいわけではない。カブトムシがよく見られる木として有名なのは、クヌギやコナラ、クリをはじめとするドングリの木だ。また、それ以外にも、ヤナギやニレ、タブの木などの樹液にも集まるようだ。

成虫が出てくる時期と集まる木はだいたいわかった。いきおい勇んで出かけたのはいいが、目的の木がどんな姿で、どこに生えているのかを調べていなければ、カブト

**ごつごつとしたクヌギの樹皮**



ムシどころか、木に巡り合うことすらなく一日を棒に振ることになる。図鑑によると、クヌギは樹皮が黒っぽく、ごつごつと縦に割れたようになっていて、葉っぱは細長く、縁がトゲトゲとしているそうだ。よく似たものにアベマキという木があるが、こちらは葉っぱの裏側がクヌギより白っぽいらしい。どちらにしても、樹液にはカブトムシが集まりそうだ。分布を見ると、どうやらこの辺りにはアベマキは生えていないらしい。クヌギは山地から平地に見られるが、あまり標高の高いところには生えておらず、人里などにもよく植えられているともある。念のため、第2候補も調べておこう。コナラはクヌギと同じようなところに生えていることが多く、樹皮はクヌギより白っぽい。ヤナギは河川敷などにも生えているようだ。

本を読んでいるだけでは、カブトムシは採れないし、木だってわからない。あとは実際に図鑑を片手に、当たりをつけて外に出かけてみるまでだ。図鑑と照らし合わせながら木を近くで眺め、周りの環境を調べていく。こうしてようやく、どんなところにクヌギやコナラが生えているかが真の意味でわかってくるわけだ。あとは樹液が出ている木を探すわけだが、これも簡単にはいかない。はじめのうちは、ひたすら樹液の出ているクヌギやコナラを探して、うろうろと林を歩き回ることになる。手掛かりになるのは、林の中を風に乗って漂ってくる甘酸っぱい樹液の香りや、林の中を飛び交うスズメバチやチョウなどの姿だ。何度か樹液の出ているク

樹液に集まる昆虫たち

ヌギを見つけることで、どういった場所のクヌギに樹液がよく出ているか、一種の「勘」のようなものが備わってくる。そうなれば、立派なオスのカブトムシを「木採る」ことはもう朝飯前だ。もっとも、その域に達するころには、きっと多くのカブトムシに出会っていることだろう。

ベテランの昆虫学者をはじめ、ある種の昆虫を長年にわたって採集している人は、「なんとなくここにいそう」と言って、目的の虫をいとも簡単に見つけ出してしまうことがよくある。あたかも「勘」がいいだけのように見えるが、実際には、その勘というのは、周りの環境をくまなく観察し、自分の知識と経験を照らし合わせて生み出された、とっておきの「術」に近いのだ。

## 昆虫採集で見える世界

カブトムシに限らず、目的の昆虫を採集するには、その昆虫がいつ活動しているか、どういう環境で暮らしているか、何をエサとしているかといった、昆虫の習性を知るのがいちばんの近道だ。昆虫の習性がわかれば、それを利用したトラップをつくり出すことも可能だ。たとえば、樹液の香りに集まるカブトムシは、バナナにお酒をかけて発酵させたものをバケツに入れ、カブトムシが住んでいる林に仕掛けておくと、その香りに惹かれて集まってくる。もちろん、トラップをかければ必ず目的の昆虫が採れるわけではない。トラップには経験がものをいう。どういう場所にかければ集まりやすいか、最初は当てずっぽうでも、成功と失敗を積み重ねることで、トラップも力を発揮できるようになるのだ。

昆虫のなかには、その習性はわかっていても、野外に生息している密度がもともと低いために、ふつうに探すだけではなかなか出会うことができないものも数多く存在する。そういった昆虫に出会うためにも、トラップは欠かせないアイテムとなる。実際、昆虫の習性に合わせて、さまざまなトラップが開発されている。たとえば、カブトムシをはじめ、多くの夜行性の昆虫が光に集まる習性を使ったライトトラップ、甲虫のようなあまり飛ぶのが得意でない昆虫が、飛行中に掴まるところのない壁にぶつかると下に落ちるという習性を利用した衝突板トラップ、地面を歩き回って移動する習性をもった昆虫を採るための落とし穴トラップなど、その種類は限りない。

ハチの仲間を採るだけでもいろいろなトラップがある。スズメバチの仲間は、樹液に集まる習性があるので、ペットボトルに発酵飲料などを入れ、上部をくりぬいて木にぶら下げておくと、捕獲できることがある。飛行中のハチは障害物にぶつかると、上へ上へと登っていく習性があるので、入口を開けたテントを立てておいて、てっぺんの部分に捕獲用の保存液を入れたボトルをつけておけば、テントにぶつかったハチが自然とボトルの中にたまっていくような仕組みのトラップになる。小さな穴に巣を

昆虫を捕まえるためのさまざまなトラップ

ユーカリオイルの香りに引き寄せられたシタバチ



つくる習性をもつハナバチやアナバチとよばれるハチたちは、中が空洞になった筒を水平にぶら下げておくと、そこに巣をつくってくれることがあり、筒を回収すれば、成虫になって出てきたハチを採ることができる。ちょっと変わったところでは、中南米に生息するシタバチというハチのオスは、蘭の花の香りに引き寄せられる習性があり、これを模したユーカリオイルやサリチル酸メチル(いわゆる湿布の匂い)を染み込ませた脱脂綿をぶら下げておけば、オスのハチが集まってくる、なんてものもある。どこにでもありそうな黄色のプラスチック製のパーティー皿がトラップになることもある。プラスチック皿に水と台所用洗剤を混ぜた液体を薄く張っておくと、黄色に惹かれる習性をもった小さなハチがどこからともなくやってきて、これに落ちるのだ。

トラップの種類によっては、ただ虫採り網を持って歩いているだけでは出会うこともないような、思いもよらない昆虫が採れることがある。ときにはまだ人に名前もつけられていない新種の昆虫が採れることだってある。昆虫の生態を調べ、考え、トラップを試行錯誤しながら活用することが、目には見えにくい昆虫たちの世界を知ることにつながっていくのかもしれない。

### 大嫌いは大好きの入口

昆虫の習性を利用したトラップは、ときには害虫とされる昆虫を駆除するためにも使われる。昆虫の習性を知ることは、そういった害虫に対する有効な対策を立てるためにも欠かせないわけだ。

「虫が嫌いです！」。そう言って、ある若者が昆虫学研究室の扉をたたいた。一家そろって虫嫌いの家庭で育ったその若者は、昆虫をこの世からせん滅し、安寧（あんねい）の日々を手に入れるべく立ち上がったのだ。「そうか。敵に勝つには、まず敵のことをよく知らねばならんな」。昆虫学者はそう言って、若者を実験用の農場へと連れ出し、そこにどのような昆虫が生息していて、どうすれば効率的に捕まえられるかを調べる課題を与えた。

憎き虫たちを根絶やしにする第一歩だ。昆虫学者の教えに従い、まずはどんな昆虫がこの農場に巣くっているのかを徹底的に調べることにした。ミカン畑で見つけたのは、ミカンの木の葉っぱをかじるイモムシだ。調べると、アゲハチョウというチョウの幼虫らしい。アゲハチョウは見たことがある。無害な顔して、まさか幼虫がミカンの葉を食べる害虫とは。とんだ食わせ物だ。しかし、このイモムシがいるのはどうやらミカンの木だけのようだ。農場には、リンゴの木もモモの木もあるのに。なんでミカンの木だけにいるんだろう……。キャベツ畑で見つけたのは、キャベツの葉をかじる一回り小さなイモムシだ。調べてみると、アオムシとよばれるモンシロチョウの幼虫らしい。本を開くと、キャベツの世界的な大害虫とある。これは大変だ。しかし、こちらのアオムシは何やら様子がおかしい。体の周りに黄色い毛玉のようなものがついている。いったいこれは何なのだろう……。菜の花畑にはハチがたくさん飛び回っていた。いちばんたくさん飛んでいたのはミツバチだ。ミツバチのなかでもセイヨウミツバチという種類でハチミツをつくるために人が飼育しているそうだが、油断はできない。近づこうものなら、毒針で刺されるかもしれない。気をつけなければ。しかし、この小さな体でハチミツをつくるって、いったいどうやって……。そうして、次々に昆虫が見つかり、そのたびに、わからないことが積み重なっていった。「虫」としてひとくくりにして知っていたつもりだった敵は、いくつもの知らない昆虫として立ちはだかった。

「どうだね？　敵のことはわかったかね？」。部屋に戻った若者に昆虫学者が問いかける。「いえ。わからないことが増えてしまって。でもきっと一網打尽にしてみせます」「そうか。ならばもっと昆虫のことを知らねばならんな」。そこから若者は、この農場にいる虫たちをひたすら調べ上げた。資料を読むことはもちろん、野外に出ては昆虫を探し、部屋に戻っては昆虫を観察し、この昆虫は何をエサにしていて、幼虫はどのように暮らし、いつごろに成虫になって、どんな習性があるのか、似ている昆虫とはどうやって見分けるのか、どこからやってくるのか、

立ちはだかる畑の虫たち

徹底的に調べ上げた。そしてその知識と経験をもとに、狙いの昆虫を確実に捕まえるための方法を試行錯誤していった。

ときがたち、昆虫学者は再び若者に同じことを尋ねた。「いえ！　まだまだこれからです！　次はこのトラップで一網打尽にしてみせます！」。元気よく答える若者の答えは相変わらずだったが、その机や棚は、飼育中の昆虫や観察中の昆虫標本、図鑑や資料であふれ、若者の昆虫に対する眼差しはまっすぐ輝いていた。

そしていつしか、虫が大嫌いな若者は、昆虫学者になった。

# おわりに

世界には、名前がついているものだけでも100万種もの昆虫がいるといわれている。たとえ昆虫学者でも、いきなり一人ですべての昆虫のことを把握しようとすると、その多様性に圧倒されて、思考停止してしまうに違いない。だから昆虫学者の多くは、それぞれに気になる昆虫をもっていて、その昆虫を入口に、昆虫たちの世界に足を踏み入れているようだ。昆虫のことは知らないのが当たり前で、知らないことがたくさんあるのが、きっと昆虫のおもしろさなのだ。

昆虫学者であるかないかにかかわらず、人にとって、昆虫ほど身近で、その存在を意識させられる野生動物はいない。生き物好きは必ずどこかで昆虫の魅力に気づくだろうし、植物をこよなく愛する人も、昆虫と植物の関わりを考えずにはいられない。虫嫌いな人のところにも必ず昆虫は顔を出す。好きだろうが嫌いだろうが、誰もが目をつけずにはいられない生き物、それが昆虫なのだ。

カッコいい、かわいい、やたら気持ち悪い、イラつく。もしそんな一匹の気になる昆虫に出会うことがあれば、それは昆虫学者たちが見ている世界を垣間見るきっかけになるかもしれない。図鑑やインターネットでその名前を調べてみれば、その昆虫を通して、昆虫たちの驚きの生態や多様性の世界が見えてくるはずだ。気になった昆虫はどんなふうに暮らしているのか、どんな仲間がいるのか、どんな動植物と関わって生きているのか。知れば知るほど、昆虫たちの世界が見えてくるに違いない。気がついたときには、立派な昆虫学者が誕生しているはずだ。

きっかけとなる昆虫は、なにも珍しい昆虫である必要はない。アゲハチョウやモンシロチョウ、トンボやセミ、バッタやカブトムシといった、誰もが目にしたことのあるような身近な昆虫にだって、おもしろいことがたくさん眠っている。だからこの本は、そんな身近な昆虫たちに、昆虫の世界への案内役をお願いした。一匹の気になる昆虫との出会いは、ときに世界の見え方さえ変えてしまう。もしこの本が、そんな気になる昆虫との出会いをつなぐきっかけになればうれしい限りだ。

井手竜也

## 参考文献

岩田隆太郎（２０１７）『木質昆虫学序説』九州大学出版会
尾崎克久ほか（２０１３）「ナミアゲハの産卵刺激物質を認識する味覚受容体 チョウと植物を結ぶ絆を化学感覚の仕組みから解明する」『化学と生物』51：１４１－１４６
梶村恒（２００９）「森林における生物多様性創出モデルとしてのキクイムシ――多様化の原動力は共生である」『日林誌』91：４２１－４２３
木下充代（２００６）「アゲハが見ている『色の世界』」『比較生理生化学』23：２１２－２１９
塩尻かおり、小澤理香（２０１１）「ネットワーク化する三者系」『昆虫と自然』46：５－８
篠原現人、野村周平（２０１６）『生物の形や能力を利用する学問 バイオミメティクス』東海大学出版部
世古智一（２０１７）「飛ばないナミテントウの実力」『現代農業』96：１１６－１１８
中村達、一木良子（２００６）「ヤドリバエの寄主探索行動と繁殖戦略」『植物防疫』60：５８７－５９０
日本生態学会（２００２）『外来種ハンドブック』地人書館
ノア・ウィルソン・リッチ（２０１５）『世界のミツバチ・ハナバチ百科図鑑』河出書房新社
長谷川元洋ほか（２０１７）「土壌動物をめぐる生態学的研究の最近の進歩」『日本生態学会誌』67：95－１１８
馬場金太郎、平嶋義宏（２０００）『新版 昆虫採集学』九州大学出版会
バート・ヘルドブラー、エドワード・O・ウィルソン（１９９７）『蟻の自然史』朝日新聞社
前藤薫（２０２０）『寄生バチと狩りバチの不思議な世界』一色出版
牧野俊一（２００１）「スズメバチネジレバネの生態」『ミツバチ科学』22：１０６－１１２
水波誠（１９９４）「明暗視の神経機構――昆虫単眼系の研究から」『比較生理生化学』11：63－73
三橋淳（２００３）『昆虫学大辞典』朝倉書店
三橋淳（２０２０）『昆虫食文化辞典（新訂普及版）』八坂書房
湯川淳一、桝田長（１９９６）『日本原色虫えい図鑑』全国農村教育協会
Futahashi, R. *et al.* (2015)「Extraordinary diversity of visual opsin genes in dragonflies」『*Proceedings of the National Academy of Sciences*』112: E1247-E1256
Giorgi, J. A. *et al.* (2009)「The evolution food preferences in Coccinellidae」『*Biological Control*』51: 215-231

Hughes, D. P. *et al.*(2016)「From so simple a beginning: the evolution of behavioral manipulation by fungi」『*Advances in Genetics*』94: 437-469

Kanzaki, N. *et al.*「Diversity of stag beetle-associated nematodes in Japan」『*Environmental Entomology*』40: 281-288

Katayama, N. and Suzuki, N.(2003)「Changes in the use of extrafloral nectaries of Vicia faba (Leguminosae) and honeydew of aphids by ants with increasing aphid density」『*Annals of the Entomological Society of America*』96: 579-584

Kato, D. *et al.*(2020)「Evaluation of the population structure and phylogeography of the Japanese Genji firefly, Luciola cruciata, at the nuclear DNA level using RAD-Seq analysis」『*Scientific Reports*』10: 1533

Kaufmann, S. *et al.*(1991)「Adaptations for two-phase seed dispersal system involving vertebrates and ants in hemiepiphytic fig (Ficus microcarpa: Moraceae)」『*American Journal of Botany*』78: 971-977

Kojima, W. *et al.*(2014)「Rhinoceros beetles suffer male-biased predation by mammalian and avian predators」『*Zoological Science*』31: 109-115

Kudoh, A. *et al.*(2020)「Detection of herbivory: eDNA detection from feeding marks on leaves」『*Environmental DNA*』2: 627-634

Maure *et al.*(2013)「Diversity and evolution of bodyguard manipulation」『*The Journal of Experimental Biology*』216: 36-42

Mizuno, T. *et al.*(2014)「"Double-trick" visual and chemical mimicry by the juvenile orchid mantis Hymenopus coronatus used in predation of the Oriental honeybee Apis cerana」『*Zoological Science*』31: 795-801

Nityananda, V. *et al.*(2016)「Insect stereopsis demonstrated using a 3D insect cinema」『*Scientific Reports*』6: 18718

Samways, M. J. *et al.*(1997)「Mandible form relative to the main food type in ladybirds (Coleoptera: Coccinellidae)」『*Biocontrol Science and Technology*』7: 275-286

Stork, N. E.(1988)「Insect diversity: facts, fiction and speculation」『*Biological journal of the Linnean Society*』35: 321-337

Suetsugu, K.(2019)「Social wasps, crickets and cockroaches contribute to pollination of the holoparasitic plant Mitrastemon yamamotoi (Mitrastemonaceae) in southern Japan」『*Plant Biology*』21: 176-182

Weinersmith, K. L. *et al.*(2017)「Tales from the crypt: a parasitoid manipulates the behaviour of its parasite host」『*Proceedings of the Royal Society B*』284: 1847

# この本に登場する昆虫たち

※特定の種の種名のほか、
総称や俗称も含む

●コウチュウの仲間



●チョウ・ガの仲間

●ハチ・アリの仲間

●ハエ・アブの仲間



●カメムシの仲間

●その他の昆虫たち

**井手 竜也**（いで・たつや）

▶1986年、長崎市出身。
国立科学博物館 動物研究部 陸生無脊椎動物研究グループ 研究員。

博士（理学、九州大学）。

日本学術振興会 特別研究員、森林総合研究所 特別研究員などを経て、2017年より現職。

専門はタマバチ科の生態や分類など。

2018年の特別展「昆虫」では、監修者のひとりとして活躍。



◉── DTP　清水 康広（WAVE）
◉── 校正　曽根 信寿
◉── カバー・本文デザイン　石間 淳
◉── カバーイラスト　浅野 文彦

**昆虫学者の目のツケドコロ**

2021年 5月25日　初版発行

| | |
|---|---|
| 著者 | **井手 竜也** |
| 発行者 | 内田 真介 |
| 発行・発売 | ベレ出版<br>〒162-0832　東京都新宿区岩戸町12 レベッカビル<br>TEL.03-5225-4790 FAX.03-5225-4795<br>ホームページ　https://www.beret.co.jp/ |
| 印刷・製本 | 三松堂株式会社 |





ISBN 978-4-86064-657-8 C0045　　編集担当　永瀬 敏章

## 鳥類学者の目のツケドコロ

松原始 著

四六並製／定価 1870 円（税込）■ 368 頁

ISBN978-4-86064-553-3 C0045

『カラスの教科書』で人気の松原始先生が、身近な野鳥について語りつくします！　スズメやツバメ、カワセミ、ヒヨドリ、ウグイス、トビ、ハヤブサなど、身近にふつうにいる鳥たちの生活や行動などに迫ります。もちろん、カラスの話題も豊富。おなじみのハシブトガラスとハシボソガラスをはじめ、ミヤマガラスやコクマルガラス、イエガラスが登場します。こんな視点で鳥を見ていたのかと驚きと納得の連続！　ユーモアたっぷりで、鳥への愛があふれる文章が、身近な野鳥の奥深き世界に誘います！　ただ鳥を眺めたり、写真に撮ったりしているだけでは見えてこない、鳥たちの生活を一緒に見てみましょう！

## 生態学者の目のツケドコロ

生きものと環境の関係を、一歩引いたところから考えてみた

伊勢武史 著

四六並製／定価 1760 円（税込）■ 244 頁

ISBN978-4-86064-642-4 C0045

日常生活から、里山や森などの自然まで、私たちの身のまわりを生態学的な視点で見てみると、そこには生きものと環境がお互いに影響し合っている姿が見えてきます。生態学とは、生物とそれを取り巻く環境の相互作用を考える学問分野です。生物学の一分野ですが、地質学や地理学、気象学などといった分野とも関連性が高く、総合的な学問です。世界的に関心が高まっている、生態系や外来生物、生物進化、生物多様性、環境問題といった話題について、親しみやすくやさしい文章で、生態学の考え方を紹介します。

## 生き物はどのように土にかえるのか

大園享司 著

四六並製／定価 1870 円（税込）■ 216 頁

ISBN978-4-86064-533-5 C0045

「庭に埋めた亡くなったペット、いつ土にかえる？」「道ばたにあるミミズやセミの死骸はどうなるの？」「山や森の落ち葉はどこに消えるの？」「世界が動物や植物の遺骸で埋め尽くされないのはどうして？」生き物が死ぬと、どうなるのでしょうか？　生き物の死骸が分解されるプロセスを見ながら、生き物の死骸を利用する動物や昆虫、カビやキノコなどの菌類、細菌などの生き方を紹介。ふだん語られることの少ない、生き物の死後の世界と、死骸を利用して生きる生き物たちの世界を丁寧に案内する！

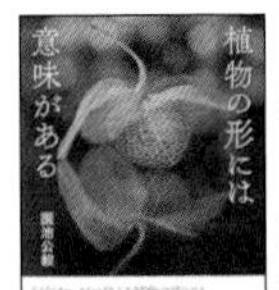


## 植物の形には意味がある

園池公毅 著

四六並製／定価 1760 円（税込） ■ 296 頁

ISBN978-4-86064-470-3 C0045

タンポポのように茎が短く地面を這うように生えるもの。玉サボテンのようにトゲがあり球体のもの。水草であるキクモのように水中と水上で葉の形が異なるもの。植物と一口に言っても、さまざまな形のものがあります。葉や花はもちろん、茎や幹、根、果実、種子、花粉、細胞など、その形は千差万別です。これらは植物が生きてきたなかで手に入れた形なのです。本書は、形から植物の生きるメカニズムを探り、ほかの生物との関係性や進化についても考えます。

## 花と昆虫のしたたかで素敵な関係 受粉にまつわる生態学

石井博 著

四六並製／定価 1980 円（税込） ■ 292 頁

ISBN978-4-86064-610-3 C0045

陸上で繁栄するさまざまな植物。陸上植物の種のうち、種子植物である被子植物が約 9 割を占めると言われています。さらにその約 9 割の種が、花粉を運んでもらうのに動物（おもに昆虫）を利用していると考えられているのです。どうしてそんなに多くの植物種が、受粉を昆虫に頼っているのでしょうか。また、花粉をつくる植物や、花に集まる昆虫はどのような暮らしをしているのでしょうか。花の中で繰り広げられる、植物と昆虫のしたたかで不思議で素敵な関係を紹介します。

## カタツムリ・ナメクジの愛し方 日本の陸貝図鑑

脇司 著

A5 並製／定価 2200 円（税込） ■ 160 頁

ISBN978-4-86064-625-7 C0045

カタツムリやナメクジなどの陸貝への愛があふれる本がここに誕生！ 著者は、貝類の寄生生物の研究者で、趣味で集めた陸貝コレクションは 200 種を超える、筋金入りの陸貝コレクターでもあります。そんな著者が、陸貝の生態から飼育方法までわかりやすく解説します。日本に生息する 150 近くの種を掲載した図鑑ページは一見の価値あり。べつやくれいさん描き下ろしの、飼育体験マンガもありますよ。初心者から、貝マニアまで必見の一冊。生き物が好きな人へのプレゼントにもピッタリかも？